彩图 1　红灯

彩图 2　福晨

彩图 3　早大果

彩图 4　明珠

彩图 5　桑提娜

彩图 6　早红珠

彩图 7　美早

彩图 8　黑珍珠

彩图 9　香泉 1 号

彩图 10　艳阳

彩图 11　佳红

彩图 12 彩霞

彩图 13 福阳

彩图 14 福金

彩图 15 福翠

彩图 16 冰糖樱

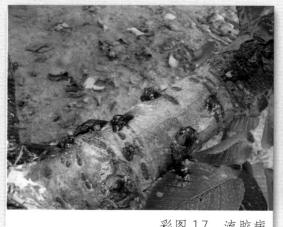

彩图 17　流胶病

彩图 18　根颈腐烂病

彩图 19　根颈腐烂病引起死树

彩图 20　根癌病

彩图 21　褐斑病

彩图 22　褐腐病

彩图 23　干腐病

彩图 24　小绿叶蝉

彩图 25　大青叶蝉

彩图 26　金龟子危害花

彩图 27　金龟子危害果实

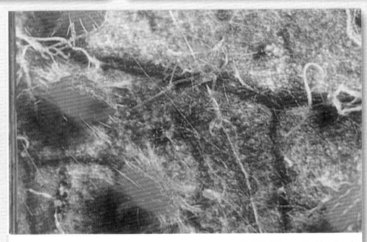

彩图 28　山楂叶螨

彩图 29　绿盲蝽若虫

彩图 30　梨网蝽

彩图 31　桑白蚧

彩图 32　梨小食心虫

彩图 33　黄刺蛾

彩图 34　红颈天牛成虫

彩图 35　红颈天牛危害症状

彩图 36　金缘吉丁虫幼虫及危害症状

彩图 37　果蝇及危害症状

一本书明白
大樱桃
速丰安全高效
生产关键技术

YIBENSHU
MINGBAI
DAYINGTAO SUFENG
ANQUAN GAOXIAO
SHENGCHAN
GUANJIAN JISHU

"十三五"国家重点
图书出版规划

新型职业农民书架·
种能出彩系列

李芳东 张福兴 主编

山东科学技术出版社 山西科学技术出版社 中原农民出版社
江西科学技术出版社 安徽科学技术出版社 河北科学技术出版社
陕西科学技术出版社 湖北科学技术出版社 湖南科学技术出版社

中原农民出版社 联合出版

图书在版编目（CIP）数据

一本书明白大樱桃速丰安全高效生产技术 / 李芳东，
张福兴主编.—郑州：中原农民出版社，2019.8
（新型职业农民书架·种能出彩系列）
ISBN 978-7-5542-2083-2

Ⅰ.①—… Ⅱ.①李… ②张… Ⅲ.①樱桃 – 高产栽
培 – 栽培技术 Ⅳ.①S662.5

中国版本图书馆CIP数据核字（2019）第162498号

主　编　李芳东　张福兴
副主编　张　序　王玉霞　李延菊　孙庆田
编　者　刘美英　田长平　鹿泽启　王　波
　　　　姜学玲　李淑平　李美玲　刘万好
　　　　徐维华　王　鹏　王新语　李　晶

出版发行：中原农民出版社
地址：郑东新区祥盛街27号7层
邮政编码：450016　　　　　　　　电话：0371–65788651
发行单位：全国新华书店
承印单位：河南育翼鑫印务有限公司
投稿信箱：djj65388962@163.com
交流QQ：895838186
策划编辑电话：13937196613
邮购热线：0371–65788651
开本：787mm×1092mm　　　　　1/16
印张：9.5
字数：155千字　　　　　　　　　彩插：8
版次：2019年10月第1版　　　　印次：2019年10月第1次印刷
书号：ISBN 978-7-5542-2083-2　　定价：39.90元
本书如有印装质量问题，由承印厂负责调换

目录
Contents

一、大樱桃的生产现状与前瞻

1. 大樱桃与甜樱桃、车厘子有什么区别?

世界上栽培的樱桃有甜樱桃、酸樱桃、酸甜杂交种、中国樱桃、毛樱桃等。广义上的大樱桃,是指甜樱桃(Sweet Cherry)、酸樱桃(Sour Cherry)以及酸甜杂交种的统称。在我国,酸樱桃种植极少,而甜樱桃种植范围比较广,且果个比中国樱桃(小樱桃)大,所以俗称甜樱桃为大樱桃。因此,狭义上的大樱桃就是指甜樱桃,本书中的大樱桃即为甜樱桃,科技人员在专业期刊上发表文章多以甜樱桃出现。

车厘子也是属于樱桃分类,是单个樱桃英文 Cherry 的复数形式 Cherries 的音译,实际上进口车厘子与国内的大樱桃是一样的。车厘子是一个总称,与国内大樱桃一样,包含很多品种,目前国内从智利、美国等国家进口的车厘子主要是拉宾斯(Lapins)、宾库(Bing)、美早(Tieton)、雷尼(Rainier)等品种,这些品种在国内生产上都有,只是出口果的质量要求较高,大多数优于内销果。

2. 世界大樱桃结果面积和产量变化趋势如何?

联合国粮食及农业组织(FAO)统计数据(图 1)显示,1980 ~ 2016 年世界大樱桃结果面积总体呈增加趋势,1980 年结果面积为 251.55 万亩(1 亩≈ 667m^2),2000 年增长到 489.6 万亩,2016 年达 659.55 万亩。由于产量受气候条件影响较大,波动较大,但总体随结果面积的增加而增加。

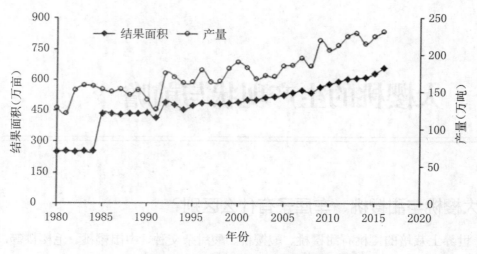

图 1　1980～2016 年世界大樱桃结果面积和产量变化趋势

从大樱桃的分布来看，大樱桃主要分布在欧洲、亚洲、北美洲、南美洲。2016 年，四大洲大樱桃结果面积为 643.8 万亩，占世界的 97.61％；产量达227.66 万吨，占世界大樱桃产量的 98.21％（见表 1）。

表 1　不同地区大樱桃结果面积和产量及占世界的份额（FAO，2016 年）

地区	结果面积（万亩）	面积所占比率（％）	产量（万吨）	产量所占比率（％）
欧洲	258.9	39.26	71.65	30.91
亚洲	285.9	43.34	112.15	48.38
北美洲	58.2	8.83	30.41	13.12
南美洲	40.8	6.18	13.45	5.80
非洲	10.65	1.61	2.08	0.90
大洋洲	5.1	0.77	2.03	0.88

3. 世界大樱桃主要生产国家结果面积和产量变化如何？

据联合国粮食及农业组织统计，2016 年大樱桃主要生产国结果面积占世界的 68％以上。2016 年结果面积超过 30 万亩的国家有土耳其、美国、叙利亚、意大利、西班牙、伊朗、智利，共 397.50 万亩，约占世界的 60.26％；

2014～2016年，土耳其、叙利亚、伊朗、智利结果面积逐渐增多，美国、意大利、西班牙等国家相对平稳。土耳其是大樱桃第一生产国，2016年结果面积和产量分别占世界的19.27%和25.87%。美国是第二生产国，2016年结果面积和产量分别占世界的 8.44%和 13.31%（见表2、表3）。

表2 2014～2016年世界大樱桃主要生产国的结果面积（万亩）

国家	2014 年	2015 年	2016 年
土耳其	118.5	122.1	127.05
美国	54.45	54.6	55.65
叙利亚	44.25	45	52.5
意大利	44.7	45.15	45
西班牙	38.4	39.75	37.95
伊朗	31.05	31.95	42.6
智利	25.35	30.9	36.75
俄罗斯	24.9	24.6	27.3
希腊	20.1	20.4	20.55
乌克兰	16.95	16.2	15.15

表3 2014～2016年世界大樱桃主要生产国的产量（万吨）

国家	2014 年	2015 年	2016 年
土耳其	44.56	53.56	59.97
美国	32.99	30.70	28.85
伊朗	13.40	13.60	22.04
意大利	11.08	11.11	9.49
智利	8.49	10.34	12.32
西班牙	11.82	9.41	9.41

国家	2014 年	2015 年	2016 年
乌兹别克斯坦	8.00	9.00	9.53
罗马尼亚	8.28	7.55	7.38
希腊	7.00	8.72	7.19
乌克兰	6.73	7.66	6.33

4. 世界大樱桃出口情况如何?

联合国粮食及农业组织统计数据(见表4)显示,2014～2016年,世界大樱桃出口量逐年升高,2016年出口总量超过50万吨。2016年,出口量在2万吨以上的国家有智利、土耳其、美国、乌兹别克斯坦、奥地利和西班牙,6个国家的出口量约占世界出口量的63.40%。2015年,智利出口量超过美国,成为第一出口国;2016年,土耳其出口量超过美国,成为第二出口国。智利樱桃果实成熟期在10月至翌年2月,12月中旬至翌年1月中旬为集中上市期,此时正值北半球冬季,出口优势明显。智利大樱桃约70%用于出口,出口量占南半球樱桃总出口量的80%左右,其中,43%出口到远东地区、31%到北美、17%到欧洲、9%到中东地区。近年来,中国对智利樱桃的需求量日趋增加。智利樱桃出口到中国主要通过海运、海运+空运、空运3种途径。海运运费低廉,果实从成熟、包装、运输到中国约30天,正值我国的春节,供不应求。雷尼等不耐储运品种就近出口到美国、加拿大等北美国家。美国大樱桃主要出口到加拿大、中国、俄罗斯、墨西哥、澳大利亚、日本、韩国、泰国等国家。土耳其和西班牙是欧洲市场的主要出口国。土耳其大樱桃主要出口到德国、俄罗斯、保加利亚、意大利、荷兰等国家;西班牙大樱桃主要出口到英国、德国、意大利、法国、比利时、荷兰、葡萄牙等国家。

表4 2014～2016年世界大樱桃主要出口国出口情况(万吨)

国家	2014 年	2015 年	2016 年
智利	8.52	8.34	11.83

国家	2014 年	2015 年	2016 年
土耳其	4.98	6.86	7.98
美国	8.88	7.42	7.24
乌兹别克斯坦	1.72	0.54	2.92
奥地利	1.38	1.62	2.61
西班牙	3.14	2.21	2.12
希腊	1.90	2.49	1.62
加拿大	8.55	1.24	0.95
德国	0.51	0.43	0.72
波兰	0.40	0.51	0.72

5. 世界大樱桃进口情况如何？

　　2016 年，大樱桃主要进口国的进口量占到世界进口总量的 80.11%，进口量 2 万吨以上的国家有中国、俄罗斯、德国、奥地利、哈萨克斯坦、加拿大，占世界进口总量的 69.81%；其中，中国进口量占世界进口量的 37.57%，成为第一大进口国，俄罗斯位居第二（见表 5）。我国主要从智利、美国、加拿大等国家进口。俄罗斯主要从土耳其、乌兹别克斯坦、叙利亚、吉尔吉斯斯坦、乌克兰等国家进口，土耳其是其最大的供应国，供应量约占进口总量的 1/3。

表 5　2014 ~ 2016 年世界大樱桃主要进口国进口情况（万吨）

国家	2014 年	2015 年	2016 年
中国	12.34	15.48	20.91
俄罗斯	5.67	6.24	5.75
德国	3.37	3.68	4.53
奥地利	1.55	1.83	2.92

国家	2014 年	2015 年	2016 年
哈萨克斯坦	2.21	1.02	2.38
加拿大	2.99	2.42	2.36
英国	1.85	1.81	1.60
伊拉克	0.10	1.41	1.44
韩国	1.33	1.26	1.38
美国	1.18	1.33	1.31

6. 我国大樱桃产业的发展趋势如何？

我国大樱桃产业发展初期，大樱桃主要在烟台、大连、秦皇岛等环渤海湾地区栽培，主要品种有红灯、先锋、拉宾斯、雷尼、大紫等。自 2000 年开始，中西部地区积极引进推广美早、萨米脱、黑珍珠等优新品种和现代栽培技术，产业规模增长迅速。2008 年，我国大樱桃栽培面积达 90 万亩，产量 20 万吨。2009 年农业部启动了国家公益性行业（农业）科研专项"樱桃产业主要障碍因素攻关研究"，在专项研究的推动下，每年以 20 万亩的速度增长。山东、陕西、河南、甘肃等省以及青海、新疆、西藏、云南、贵州、四川等高海拔冷凉地区积极发展，北京、秦皇岛、西安、郑州等地的观光采摘初步建成，内蒙古通辽、黑龙江双鸭山等高寒地区积极发展设施栽培，栽培区域扩展到 25 个省、直辖市和自治区，种植规模和产量都在逐年增加。

7. 我国大樱桃栽培面积和产量如何？

2012 年我国大樱桃种植面积达 202.35 万亩，产量为 52.48 万吨（见表 6），按照 50% 进入结果期计算，结果面积和产量均已超过世界排名第一的土耳其；其中，山东省种植面积和产量分别占全国的 49.44% 和 57.16%（见表 7）。随着产业发展，形成了环渤海湾和陇海铁路沿线两个优势产区，环渤海湾产区包括山东、辽宁、河北和北京，种植面积和产量分别占全国的 75.83% 和

75.84%；陇海铁路沿线产区包括陕西、河南、甘肃、山西、江苏和安徽，种植面积和产量分别占全国的 19.57% 和 21.91%（见表7）。

据最新统计，2016 年我国大樱桃栽培面积达 270 万亩、产量超 70 万吨，其中，山东 126 万亩，辽宁 40.05 万亩，陕西 34.95 万亩。

表6　2012～2016 年我国大樱桃种植面积和产量

年份	种植面积（万亩）	产量（万吨）
2012	202.35	52.48
2015	225	60.00
2016	270	70.00

注：数据引自黄贞光、张开春等。

表7　2012 年我国各地区大樱桃栽培面积和产量

地区	种植面积（万亩）	产量（万吨）
山东	100.05	30.00
辽宁	42	7.50
河北	4.95	1.00
北京	6.45	1.30
陕西	21	8.00
河南	7.5	1.20
甘肃	7.05	1.60
山西	1.95	0.30
江苏	1.05	0.20
安徽	1.05	0.20
四川	7.05	1.00
新疆	0.75	0.07

地区	种植面积（万亩）	产量（万吨）
其他	0.45	0.01

注：数据引自黄贞光等。

8. 我国大樱桃的进出口情况是怎样的？

目前，我国已成为世界上最大的大樱桃消费市场，进口分为夏季（5～8月）和冬季（10月至翌年1月）2个产季：夏季主要从美国、加拿大和吉尔吉斯斯坦等国家进口；冬季主要从智利、澳大利亚和新西兰等国家进口。近几年，土耳其、乌兹别克斯坦、塔吉克斯坦、阿根廷的大樱桃陆续获准进入我国市场。

2015～2016年，我国的大樱桃进口量为9.2万吨，占全球进口总量的24.3%，为大樱桃进口第一大国。国内在元旦至春节期间消费的大樱桃主要来自智利，而且进口量有逐年增加趋势。据智利水果出口商协会（ASOEX）统计，2017～2018年，智利向全球市场出口大樱桃18.69万吨，其中向我国出口16.17万吨。

我国大樱桃目前出口量较少，主要出口到新加坡、马来西亚、印度尼西亚等国家。随着经济贸易全球化和双边关系的发展，以及国内大樱桃品质的提高，将来有望出口到智利、澳大利亚等国家。

9. 我国大樱桃的种植效益如何？

大樱桃树是北方落叶果树中经济效益较高的树种，大樱桃种植有"黄金种植业"之称，大樱桃有"宝石水果"之美誉。综观全国，露地栽培，每亩收入2万～10万元，其收入是大宗粮食作物的几十倍。设施栽培，每亩收入5万～20万元，高者达30万元。收入的高低，取决于所选择的品种、栽培管理技术以及所处的栽培区域。

栽培大樱桃与栽培其他水果一样，品种选择是关键，直接决定着种植效益的高低。就山东烟台而言，目前露地栽培的美早收购价通果28～30元/千克，红灯12～16元/千克，萨米脱20～24元/千克，拉宾斯12～14元/千克。

管理技术好的美早露地果园，每亩收入 4 万～5 万元，红灯每亩收入 1 万～2 万元。大棚美早平均价 100 元/千克，红灯价格比美早低 30～40 元/千克。

同一品种，不同管理水平，其产量及果个大小有很大差异，直接影响种植收入。以山东烟台露地栽培的品种为例，一般亩产量在 500～750 千克，高者达到 3 000 千克左右。果个大，价格就高。以 2017 年烟台地区市场上大樱桃销售为例，红灯最好的果 20 元/千克，稍差点（优等果）的果 14～16 元/千克，中等果 8～10 元/千克，小果 2～4 元/千克；美早通果 28～30 元/千克，好点的 34～36 元/千克，一级果 44～52 元/千克，最好的 76 元/千克；萨米脱大果 34～36 元/千克，一般的 20～24 元/千克；雷尼优等果 24～28 元/千克，虽然价格低于美早，但由于产量高，单位面积产值与美早相当；黑珍珠好的 28～30 元/千克，小果 14～16 元/千克；先锋、拉宾斯，好的 14～16 元/千克，通果 12～14 元/千克（占多数）；水晶，尽管果肉软、不耐储运，但是口感特别甜，消费者喜欢，在青岛地区尤其受欢迎，一级果 36～40 元/千克。

不同地域由于气候、年总产、消费水平等不同，种植效益差别也很大。过去一些从未种过大樱桃的地区，如广东的连州、贵州的赫章等地，通过引种试栽，都取得成功，如贵州赫章个别果农的露地大樱桃 1 千克卖到 400 元。一些栽培新区，虽然年总产量低，但价格高，收入可观，如青海的平安、乐都生产的大樱桃售价 40～100 元/千克，云南的寻甸 200 元/千克，曲靖 100～120 元/千克，四川的汶川、茂县 40～100 元/千克。陕西汉中的西乡生产的露地大樱桃，由于成熟早，其价格相当于烟台大棚大樱桃的价格。大连大棚大樱桃，由于上市早，价格比山东高，美早 160～200 元/千克，上市早的大樱桃，300～320 元/千克，包园价 120～160 元/千克，管理好的大棚大樱桃，每亩收入高达 30 万元。而在烟台，大棚美早开始价格 140～160 元/千克（极个别 200～300 元/千克），后尾 60～80 元/千克，平均 100 元/千克，每亩约收入 10 万元；高者 20 万元/亩，低的 6 万元/亩。

10. 我国大樱桃生产上存在的主要问题有哪些？

（1）地区间发展不平衡　我国大樱桃栽植面积、产量 70%～80% 集中在环渤海湾地区，而陕西、河南、甘肃等内陆及四川、云南、青海等高海拔适宜种植区虽然近年来发展较快，但所占比例较小。

（2）品种结构不合理 老品种种植面积大，早熟品种占的比例大；优新品种种植面积较少，极早熟和极晚熟优良新品种缺乏，果品供应期较短。

（3）栽培管理不到位 多数果园幼树结果晚，流胶病发生普遍，浇水多采用大水漫灌，滴灌、喷灌等现代化灌溉设施应用较少；土壤有机质不足，中微量元素缺乏；一家一户分散经营管理，新技术、新方法难以普及。

（4）采后处理技术落后 我国大樱桃的采后预冷、自动化分选、储运保鲜技术相对落后。自动化冷库和气调库储藏仅处于试验或小规模应用阶段，冷链运输不发达，鲜果冷藏期和货架期较短。

（5）果品市场体系不完善 目前，我国大樱桃生产多以农户为单位分散经营，果园规模小，果品市场流通方式主要是农户自产自销及小商贩运，具有价格形成机制的大型农产品批发市场数量少，制约了产品流通的现代化进程。

11. 我国大樱桃产业提质增效的主要途径有哪些？

（1）扩大栽培面积，优化产业布局 老产区，稳步增加栽培面积，关键提高果品质量，加快老樱桃园改造。新产区，快速扩大栽培面积，提高单位面积产量，增加市场供应量。扩大樱桃极早熟地区和寒冷设施栽培地区的面积，拉长果品供应链。推广大果型、自花结实优良品种，进一步扩大全国栽植区域。加速防雨、防霜设施的示范与推广，确保大樱桃丰产、丰收。

（2）采取良种良砧，推行无毒化栽培、适地适栽，紧跟科研步伐，选择当地适宜的品种、砧木，实现良种、良砧配套 加强种苗繁育基地建设，开展脱毒苗木研究，培植规范苗木市场，繁育、推广脱病毒苗木，实现无毒化栽培。

（3）推广简易技术，保障人身安全 随着劳动力成本的提高和果园从业人员老龄化等问题越来越突出，加强示范基地建设，推行果园省工、省力的简易操作技术，包括整形修剪简单化，加强大樱桃土、肥、水管理，推广矮密栽培模式，降低劳动强度；同时建立质量安全控制体系，利用大樱桃成熟早、喷药少的特点，开展有机果品生产栽培，保障人身安全与食品安全。

（4）强化采后处理，延长果品供应 根据国内外市场需求特点，发展果个大、品质优的耐储运品种，积极扩大国际贸易；推广采后预冷、储藏保鲜新技术，应用冷链运输，拉长果品供应链，进一步提高大樱桃种植效益。

（5）重视樱桃加工，扶持酸樱桃　发展樱桃加工品种，生产果酒、果脯、果酱、罐头等产品，提高果品附加值；与国外樱桃生产发达国家相比，我国酸樱桃生产比例较小，目前只有烟台、西安等地有少量栽植，应积极扶持酸樱桃品种选育与加工工艺研究，借鉴葡萄酒的经验，生产高品质加工产品。

（6）加大信息交流，搞活市场流通　强化信息平台建设，鼓励扶持果农建立合作组织、果农协会，培植各地市场信息调研员等措施，加强各地樱桃协会、专业合作社、果品交易市场信息交流，培育大型果品交易市场，促进樱桃生产、销售一体化。

二、大樱桃规模化、标准化生产的关键因素

1. 什么是适度规模化、标准化生产？

适度规模化、标准化生产是大樱桃产业发展的必然趋势。适度规模化生产是指在一定的社会环境和经济条件下，具有一定的种植规模，土地、劳动力、资金、管理技术、销售平台等生产要素有效组合和高效运转，并取得最佳经济收入的大樱桃生产形式。标准化生产是指从大樱桃的苗木生产、分级、包装、运输，到产地选择，果园管理，果品采收、加工、储藏、销售等全产业链的各个环节，制定操作规范或实施标准，实现生产过程的一致化、标准化，保障果品安全、优质生产。标准化生产是规模化生产的前提。

2. 什么是家庭农场？

家庭农场是指以家庭成员为劳动力、以农业收入为主要来源的农业经营单位。家庭农场有四个方面的特征：一是具有一定规模；二是以家庭成员为主要劳动力；三是强调其稳定性；四是要进行工商注册。家庭农场是扩大的农户家庭经营模式，由于经营规模的适度扩大，既具备传统农户家庭经营的所有优势，也克服了传统农户家庭经营存在的弊端。家庭农场是现代农业组织体系的基础，是我国未来农业经营的方向。

3. 什么是专业合作社？

《中华人民共和国农民专业合作社法》中规定：农民专业合作社是在农村家庭承包经营的基础上，农产品的生产经营者或者同类农业生产经营服务的提供者、利用者，自愿联合、民主管理的互助性经济组织。农民专业合作社以其

成员为主要服务对象，提供农业生产资料的购买，农产品的销售、加工、运输、储藏以及与农业生产经营有关的技术、信息等服务。

4. 我国哪些地区适宜种植大樱桃？

（1）环渤海湾栽培区　包括山东半岛、鲁中南地区、辽宁大连及京津冀地区。其中，山东半岛及鲁中南地区，包括烟台、青岛、泰安、潍坊、枣庄、济宁、聊城等地。辽宁大连及其周边，包括旅顺、金州、普兰店、瓦房店南部。京津冀地区主要包括燕山南麓和太行东麓，其中，燕山南麓适宜区为燕山南麓的丘陵地带以南到宝坻、廊坊、固安一线以北，包括秦皇岛、天津北部、北京；太行东麓适宜区为太行山东麓的丘陵地带以东到京广铁路以西，包括石家庄、保定、邢台和邯郸等地。

（2）陇海铁路沿线栽培区　包括陕西、河南、甘肃、山西等地区。其中，陕西的关中地区包括西安（灞桥、蓝田）、宝鸡、咸阳、渭南、铜川、汉中、安康、商洛等地。河南省黄河以北地区及豫西的洛阳、三门峡地区为适宜栽培区。甘肃省东部和陇南地区，河西走廊一带为适宜区，主要集中在天水地区，陇南、定西、平凉、庆阳、兰州有少量栽培。山西主要分布在运城市（13个县、市、区）、晋城南部（3个县、市）。江苏的连云港北部地区，以及安徽的砀山县、萧县、太和县为大樱桃适宜栽培区。

（3）西南、西北高海拔栽培区　包括四川的阿坝藏族自治州（九寨沟、平武、汶川、茂县、理县、金川、小金）、甘孜州（泸定、九龙）、凉山州（越西县）、雅安（汉源县）、攀枝花（阿喇乡）、广元市（朝天区）等；青海省海东地区的平安、乐都、民和；云南的昭通市、丽江市；贵州西部，该区海拔较高，光照充足，昼夜温差大，生产的大樱桃品质佳，还可利用其不同海拔高度，生产不同时期成熟的早、中、晚熟品种，拉长鲜果供应期，提高果品收益，这是该地区大樱桃生产的一大优势；新疆大樱桃栽培集中在中部地带塔里木河流域，南部若羌、且末等部分绿洲地区；在喀什、皮山、莎车、库尔勒等地区有丰富地表河流，这些地区为适宜区。宁夏大樱桃发展适宜区集中在北部宁夏平原、中部海原地区，适宜发展早熟和部分中熟品种。

5.南方多雨地区采用什么方法可以栽植大樱桃？

南方多雨地区受气候条件影响，栽植大樱桃容易造成营养生长过度旺盛，花芽少，坐果率低。因此，在南方多雨区种植大樱桃可根据园片立地条件、材料获得的难易、建棚成本等因素，搭建不同类型的简易避雨棚进行栽培。同时选择福晨、布鲁克斯等低需冷量品种，保障果树正常通过休眠。结合高台田栽植，避免涝害发生，高温季节搭建遮阳网，减轻高温对花芽分化的影响，减少畸形果的发生。在高海拔地区栽植效果好于低海拔地区。

6.什么样的地方适宜大樱桃规模化、标准化种植？

大樱桃园址选择必须满足大樱桃生长发育对土壤的基本要求。园地不能是盐碱地，总盐量＜0.1%，氯离子＜0.02%；土壤 pH 为 4.0～8.78 均可栽植，最适宜的土壤 pH 为 6.2～6.8。园地周边具有灌溉用水或能打深机水井，具有良好排水沟。地下水位要求在 1.5 米以下；活土层要求达 40 厘米以上，不足的，需要深翻改造；土壤有机质含量在 1.2% 以上，不足的，建园前改造或通过后期管理提升。不选土质黏重或过沙的土壤；不选易受霜冻害的地形，如河床、坝地、谷底；不选风大的山脊。

适宜大樱桃种植的气候条件：年平均气温在 6.5～17.6℃，适宜温度为 10～12℃；冬季最低气温应高于 -22℃，在 -25～-22℃ 的地域，虽然也能栽植，但偶发冻害的概率较大；年最高气温低于 40℃；1 月平均气温低于 7℃；无霜期在 140 天以上；年日照时数在 1 400 小时以上；低温（低于 7.2℃）时数达 1 000～1 400 小时，500～800 小时的地域最好选择低需冷量的品种。

三、大樱桃绿色、有机生产的关键因素

1. 如何进行大樱桃绿色果品生产?

大樱桃绿色果品应符合《绿色食品 温带水果》(NY/T 844—2017)要求。生态环境选择必须符合《绿色食品 产地环境质量》(NY/T 391—2013)要求：应选择生态环境良好、无污染的地区，远离工矿区和公路、铁路干线，避开污染源。应在绿色食品和常规生产区域之间设置有效的缓冲带或物理屏障，以防止绿色食品生产基地受到污染。建立生物栖息地，保护基因多样性、物种多样性和生态系统多样性，以维持生态平衡。应保证基地具有可持续生产能力，不对环境或周边其他生物产生污染。生产过程中农药及肥料的使用也应严格按照《绿色食品 肥料使用准则》(NY/T 394—2013)和《绿色食品 农药使用准则》(NY/T 393—2013)要求进行用药及施肥。

2. 建立大樱桃绿色食品基地应当注意哪些问题?

基地建设必须符合绿色食品生产的要求。大樱桃建园应选择在生态条件良好，远离污染源，具有可持续生产能力的农业生产区域，符合《绿色食品 产地环境质量》(NY/T 391—2013)的要求。

园地不能是盐碱地，不选土质黏重或过沙的土壤；不选易受霜冻害的地形，如河床、坝地、谷底；不选风大的山脊。园地周边具有灌溉用水或能打深机水井，并具良好排水沟。

适宜年平均气温、冬季最低气温、年最高气温、1月平均气温、无霜期、年日照时数等参考"什么样的地方适宜大樱桃规模化、标准化种植？"。

3. 生产大樱桃绿色果品对肥料施用有什么要求?

使用肥料时,应严格按照《绿色食品　肥料使用准则》(NY/T 394—2013)中规定的肥料施用原则、种类及用量。生产 AA 级绿色大樱桃果品使用肥料时不能使用化学合成的肥料,可使用的肥料种类有农家肥、有机肥料和微生物肥料。农家肥是指主要由植物和动物残体、排泄物等富含有机物的物料制作而成的肥料,包括秸秆肥、绿肥、厩肥、堆肥、沤肥、沼肥、饼肥等。有机肥料主要来源于植物和(或)动物,经过发酵腐熟的含碳有机物料,其功能是改善土壤肥力、提供植物营养、提高作物品质。微生物肥料含有特定微生物活体的制品,应用于农业生产,通过其中所含微生物的生命活动,增加植物养分的供应量或促进植物生长,提高产量,改善农产品品质及农业生态环境。生产 A 级绿色大樱桃果品除了使用农家肥、有机肥料和微生物肥料外,还可使用符合标准的有机 - 无机复混肥料、无机肥料和土壤调理剂。

4. 生产大樱桃绿色果品对植保及农药使用有哪些要求?

使用农药时,应严格执行《绿色食品　农药使用准则》(NY/T 393—2013)中规定的绿色食品生产和仓储中有害生物防治原则、农药选用、农药使用规范和绿色食品农药残留要求。生产 AA 级绿色大樱桃果品应遵照绿色食品生产标准,生产过程中遵循自然规律和生态学原理,协调种植业和养殖业的平衡,不使用化学合成的肥料、农药、兽药、渔药、添加剂等物质。生产 A 级绿色大樱桃果品应遵照绿色食品生产标准,生产过程中遵循自然规律和生态学原理,协调种植业和养殖业的平衡,限量使用限定的化学合成生产资料,产品质量符合绿色食品产品标准,经专门机构许可使用绿色食品标志。

5. 大樱桃绿色果品的质量标准如何?

《绿色食品　温带水果》(NY/T 844—2017)中规定,绿色大樱桃果品的质量标准中感官指标:果实完整良好,果柄完整,新鲜清洁,无机械损伤,无果肉褐变、病果、虫果、刺伤,无不正常外来水分,充分发育,无异常气味或滋味,具有可采收成熟度或食用成熟度,整齐度好;果形端正,具有本品种的固有特征;果皮色泽具有本品种成熟时应有的色泽。

6. 怎样进行大樱桃有机果品生产？

生产有机大樱桃果品应严格按照《有机食品技术规范》（HJ/T 80—2001）要求进行生产。转换期不得少于 36 个月，应选择有机种苗，禁止使用任何转基因品种。提倡种植豆科作物进行土壤培肥，禁止使用化学肥料和城市污水污泥，使用肥料种类与用量必须符合标准要求。病、虫、草害防治以生物防治为主，禁止使用合成的植物生长调节剂。灌溉用水必须符合《农田灌溉水质标准》（GB 5084—2005），有机地块应与常规地块有隔离措施。

7. 怎样申请大樱桃绿色食品标志？

申请大樱桃绿色食品标志时应符合绿色食品相关要求，由申请人向所在地省级绿色食品工作机构提出使用绿色食品标志的申请，通过省级绿色食品工作机构、定点环境监测机构、定点产品监测机构、中国绿色食品发展中心（以下简称中心）的文审、现场检查、环境监测、产品检测、标志许可审查、专家评审、颁证完成申报工作（中国绿色食品发展中心）。

8. 怎样申请大樱桃有机食品标志？

申请大樱桃有机食品标志，需要由有机产品生产或加工企业或者其认证委托人向具备资质的有机产品认证机构提出申请，按规定将申请认证的文件，提交给认证机构进行文件审核、评审合格后认证机构委派有机产品认证检查员进行生产基地或加工现场检查与审核，并形成检查报告，认证机构根据检查报告和相关的支持性审核文件做出认证决定、颁发认证证书等。获得认证后，认证机构还应进行后续的跟踪管理和市场抽查，以保证生产或加工企业持续符合有机产品国家标准和《有机产品认证实施规则》的规定要求。

四、大樱桃品种介绍

1. 大樱桃主要生产国家的主栽品种有哪些?

世界大樱桃生产中应用的品种达数百个,但应用面积占绝对优势的为数不多,如宾库、拉宾斯、0900 Ziraat、哥尔摩斯多费、斯克奈德斯等。表8显示,土耳其大樱桃主栽品种为0900 Ziraat、兰伯特、斯塔克斯金。美国西太平洋产区(加利福尼亚州、俄勒冈州、华盛顿州)结果面积占本国总面积的93%以上,宾库、雷尼、拉宾斯3个品种总产量约占该产区的65.9%,其中宾库约占45.6%;目前美国的主推品种有甜心、美早、秦林、本顿、图拉尔、布鲁克斯。智利的主栽品种有甜心、宾库、拉宾斯、桑提娜、皇家囤,近几年宾库栽培面积有所下降,其他4个品种发展较快。匈牙利的主栽品种有哥尔摩斯多费、布莱特等。比利时主栽品种有考迪亚、拉宾斯、雷吉娜、甜心,其次为斯克奈德斯、萨米脱、赛维、卡琳娜等,其中赛维、卡琳娜常作为雷吉娜的授粉品种。保加利亚栽培面积较大的有塞内卡、布莱特、宾库、黄龙等,其中黄龙为纯黄色品种。我国的主栽品种主要有红灯、美早、萨米脱、早大果、拉宾斯等,各产区根据当地的气候条件,主栽品种各有侧重(见表9)。

表8　国外大樱桃主栽品种

国家	主栽品种
土耳其	0900 Ziraat、兰伯特、斯塔克斯金
美国	宾库、雷尼、拉宾斯、甜心、美早、秦林、本顿、图拉尔、布鲁克斯
智利	甜心、宾库、拉宾斯、桑提娜、皇家囤
匈牙利	哥尔摩斯多费、布莱特、先锋、卡达琳、林达、马吉特

国家	主栽品种
比利时	考迪亚、拉宾斯、雷吉娜、甜心
保加利亚	塞内卡、布莱特、宾库、Ranna cherna edra、先锋、雷尼、那翁、Kozerska、哥尔摩斯多费、斯太拉、兰伯特、黄龙

表9　中国大樱桃主栽品种

地区	主栽品种
胶东半岛	红灯、美早、萨米脱、黑珍珠、艳阳、拉宾斯、先锋
辽东半岛	红灯、美早、巨红、佳红、明珠、丽珠、砂蜜豆
陕西、河南、甘肃	红灯、美早、萨米脱、吉美、龙冠、艳阳
北京、河北、山东泰安	红灯、早大果、美早、岱红、萨米脱、布拉
云、贵、川等地区	美早、红灯、萨米脱、拉宾斯、雷尼

2. 国外选育了哪些大樱桃品种？

（1）加拿大　加拿大农业部太平洋农业及农业食品研究中心萨默兰（Summerland）试验站专门从事大樱桃育种工作，迄今已有80余年的历史，选育出大量的品种，在生产上应用较多的有先锋、拉宾斯、桑提娜、紧凑兰伯特、斯太拉、艳阳、萨米脱、甜心、Sentennial、Suite Note等。

（2）美国　美国是大樱桃主要生产国和出口国，选育出40余个品种，如宾库、雷尼、美早、秦林、本顿等，其育种目标是果个大、品质好、花期晚、抗病性强（如叶斑病、流胶病等）、自花结实，为便于机械采收，把果柄易脱离也作为育种目标。

（3）意大利　意大利育种目标是挂果时间长、在乔化砧木上早熟丰产、易形成花束状结果枝、耐储运等；意大利还着重选育黄红色品种。博洛尼亚大学选育出早星、丽星、黑星、灿星、蕾星、巨星、早甜等品种，2012年推出Sweet Aryana、Sweet Lorenz、Sweet Gabriel、Sweet Valina、Sweet Saretta等品种。

（4）匈牙利　匈牙利育种目标是特早熟或极晚熟、优质鲜食或加工、自花结实、抗病、果实直径24毫米以上、硬度大、口感好、抗裂果。培育出卡塔琳、马吉特、琳达、丽塔、桑德尔、彼得、鲍罗斯、阿历克斯等多个品种，其中桑德尔、彼得、鲍罗斯、阿历克斯为自花结实。

（5）保加利亚　保加利亚早期选育出朴比达、米泽、丹尼利亚、斯迪佛尼亚、Cherna Konyavska、Kyustendilska Chrustyalka、Bulgarian Bigarreau等品种，2015年最新选育出迪玛、亚历克斯顿、瓦辛尼卡，其中迪玛、亚历克斯顿为自花结实。

（6）智利　智利从2007年开始大樱桃育种工作，其育种目标为果实全红或者不完全红（如雷尼）、果实单果重10克以上、可溶性固形物含量17%～19%、果实硬度＞300克/毫米、抗裂口、果柄绿色、耐储性＞30天，高产、早产、自花结实、低需冷量、抗病，其培育的品种还处于试验阶段。

3. 我国选育了哪些大樱桃品种？

我国开展大樱桃育种工作的单位主要有山东省烟台市农业科学研究院、北京市林业果树科学研究院、大连市农业科学研究院、山东果树研究所、中国农业科学院郑州果树研究所、西北农林科技大学等。山东省烟台市农业科学研究院选育出福晨、福星、黑珍珠、福玲、福阳、福金、福翠等，北京市农林科学院林业果树研究所选育出彩虹、彩霞、香泉1号等，大连市农业科学研究院选育出红灯、佳红、明珠、13-33等，山东果树研究所选育出彩玉、鲁玉等，中国农业科学院郑州果树研究所选育出龙冠、春艳、春绣等，西北农林科技大学选育出吉美、秦樱1号等。

4. 什么是好品种？

什么是好品种？生产者给出的答案很简单：早结果、多结果、多卖钱的品种就是好品种。从市场需求角度来说，果个大、口感好的品种就是好品种。从旅游采摘方面说，口感甜、色彩不同、能满足不同消费者喜好的品种就是好品种，果品耐不耐储运不是主要问题。科技工作者评价品种优良，是从多方面综合考虑的，果个大、可溶性固形物含量高、果肉硬、耐储运、早结果、早丰产的品种，可作为优良品种。对于一个优良品种，在不同地区、不同时期，生产者对它的喜好程度也不同。

综合国内外培育的新品种，结合生产实际应用，认为现阶段适合优质果品生产的品种，从极早熟到极晚熟，依次为福晨、瓦列里、福玲、明珠、布鲁克斯、福星、美早、萨米脱、福阳、福金、巨晚红。旅游采摘的特色品种为月山锦、冰糖脆、福翠、冰糖樱。

5. 品种选择的主要原则有哪些？

品种选择，要根据市场定位和品种的商品特性进行，以奠定优质丰产的基础，实现品种资源的合理区域布局。品种选择要遵循以下原则：

（1）物以稀为贵　对于任何一种水果来讲，都是物以稀为贵。

（2）选择正规优良品种　选择通过省级或国家主管部门审定、认定的品种。大樱桃主栽品种要求具有结大果、深红色、风味佳、耐储运等优点，从种植者角度讲，要求树体健壮，树势中庸，成花容易，丰产稳产，抗裂果，畸形果率低，抗病抗虫，耐瘠薄，抗逆性强，适应性广；从市场角度讲，应为消费者喜爱的品种，好吃好看，个大质优，特别是经销商认可的耐运输、货架期长的品种。

（3）顺应消费者需求　随着种植规模和产量的增加，消费者对大樱桃的需求向多元化发展，消费需求正从常规大果型品种逐渐向脆甜、特色品种转变。

（4）优良品种具有时效性　1983 年烟台率先在国内推广红灯。1993 年前后，红灯在烟台价格为 34 ～ 40 元 / 千克，当时只要产量高，收入就高；随着种植面积不断扩大和美早、萨米脱、艳阳等大果型品种的推广，后来是果个大的品种，价格就高，于是市场上美早、萨米脱等大果型品种价格明显高于红灯。现如今，红灯栽培面积过大，上市集中，加上不耐储运，价格出现滑坡，面积开始萎缩，即使品质最好的红灯价格才 16 ～ 20 元 / 千克。目前，全国上下都在积极发展美早，其 3 ～ 5 年后陆续进入盛果期，产量多，集中上市量大，市场售价势必下降。10 年之后，美早的价格是否会降到如今红灯的价格，很难说。

（5）优良品种具有地域性　对于同一个优良品种，在不同地区生产者对其的喜好程度是不同的。以红灯为例，在烟台，由于栽培面积大、集中上市量大，价格下滑，果农喜爱程度大大降低；而在栽培面积相对烟台较小的鲁南、鲁中山区及我国中西部，果农非常喜欢，理由是成熟早、果个大、售价高。

6. 品种的发展趋势如何？

在行业内部，将大樱桃果实分为软甜型（水晶、冰糖樱等）、脆甜型（布鲁克斯、福翠等）、普通型或常规型（红灯等）、硬肉型（美早、晚红珠等）。在我国大樱桃栽培初期，主要品种为红灯、先锋、拉宾斯、雷尼、大紫等普通型或常规型品种。近年来，烟台市农科院在国家公益性行业（农业）科研专项——"樱桃产业主要障碍因素攻关研究"的资助下，选育出20余个大樱桃优良品种，极大地丰富了我国大樱桃品种资源，美早、萨米脱、黑珍珠等已成为主栽品种。目前，国内消费需求呈多元化发展，单纯的大果型已不能满足消费者的需求，发展脆甜特色新品种已成为趋势。因此，选育脆甜型特色新品种，生产优质果品，打造品牌，提高效益已成为未来大樱桃的发展方向。

7. 红灯（彩图 1）

（1）品种来源 大连市农业科学研究院选育，1973年定名。

（2）树体特征特性 树势强健，生长旺盛。幼树直立性强，1～2年生枝直立粗壮，生长迅速，容易徒长，进入结果期较晚，初果年限较长，中长果枝较多。盛果期后，短果枝、花束状和莲座状果枝增多，树冠逐渐半开张，果枝连续结果能力强。粗壮的1年生长条甩放后，当年不容易形成叶丛花枝；对细弱枝甩放，易形成一窜叶丛花枝。因此，生产中对粗旺的1年生枝应留2～4芽极重短截，重新培养细弱枝，再甩放，促花。红灯是树势较强的品种之一，采用半矮化砧木（吉塞拉6号），利于控制树势，提早结果。

（3）果实特性 果实红色至暗红色，富有光泽；果形呈肾脏形；果柄粗短；平均单果重9.2克，大果12克；果肉肥厚、多汁、较软、酸甜适口；果核圆形，中等大小；可食率92.9%；果实发育期40～45天，烟台5月底至6月上旬成熟。

（4）授粉品种 萨米脱、拉宾斯、黑珍珠、斯帕克里等。

（5）适栽区域 山东、辽宁、山西、陕西、四川、河南、河北、甘肃、云南等大樱桃适栽区。

8. 福晨（彩图2）

（1）**品种来源** 烟台市农业科学院选育的极早熟优良品种，育种编号03-2-6。2013年通过山东省农作物品种审定委员会审定。

（2）**树体特征特性** 树势中庸，树姿开张，具有良好的早果性，当年生枝条基部易形成腋花芽，苗木定植后第二年开花株率72%，第三年开花株率100%。幼树腋花芽结果比例高。成年树1年生枝条甩放后，易形成大量的短果枝和花束状果枝。进入结果期后，保持中庸偏旺的树势是生产优质大果的前提。

（3）**果实特性** 果实鲜红色；果形呈心脏形，缝合线平；果顶前部较平；果肉淡红色，硬脆；果柄中短，平均长为3.72厘米；平均单果重9.7克，大果12.5克；果实纵径2.41厘米，横径2.95厘米，侧径2.49厘米；可溶性固形物含量18.7%，可食率93.2%。烟台地区5月22～25日成熟，成熟期同小樱桃，是已知同期成熟的大樱桃中单果重最大的品种；低需冷量品种，比布鲁克斯还低。

（4）**授粉品种** 美早、早生凡、红灯、斯帕克里、桑提娜等。

（5）**适栽区域** 山东、辽宁、山西、陕西、四川、河南、河北、浙江、江苏、浙江、上海等大樱桃适栽区。

9. 早大果（彩图3）

（1）**品种来源** 山东省果树研究所1997年从乌克兰购买引进的专利品种，引种编号乌克兰2号。2007年通过了山东省农业品种审定委员会的审定，2012年通过国家林业局审定。

（2）**树体特征特性** 树体生长势中庸，树姿开张，枝条分枝角度较大；1年生枝条黄绿色，较细软；结果枝以花束状果枝和长果枝为主。早实、丰产性强，一般定植后3～4年结果。

（3）**果实特性** 果实深红色，充分成熟紫黑色，鲜亮有光泽；果形呈近圆形，大而整齐；果柄中等长度；单果重8.0～12.0克，果肉较硬，果汁红色，可溶性固形物含量16.1%～17.6%，风味浓，品质佳；果核大、圆形、半离核。果实发育期35～42天，果实成熟期一致，比红灯早熟3～5天，在泰安地区

5 月中旬成熟，较丰产。

（4）授粉品种　红灯、拉宾斯、先锋、萨米脱等。

（5）适栽区域　山东、北京、山西、陕西、四川、河南、河北等大樱桃适栽区。

10. 明珠（彩图 4）

（1）品种来源　大连市农业科学研究院从那翁和早丰杂交后代优良株系 10-58 的自然实生后代选出的早熟、大果品种，2009 年通过辽宁省非主要农作物品种审定委员会审定。

（2）树体特征特性　树势强健，生长旺盛，树姿较直立，芽萌发力和成枝力较强，枝条粗壮。幼树期枝条直立生长，长势旺，枝条粗壮。盛果期后树冠逐渐半开张。一般定植后第四年开始结果。

（3）果实特性　果实底色稍呈浅黄，阳面呈鲜红色，有光泽；果形呈宽心脏形，果柄中等长度；平均单果重 12.3 克，最大单果重 14.5 克；梗洼广、浅、缓，果顶圆、平；果肉浅黄，肉质较软，可溶性固形物含量 22.0%，风味酸甜可口，品质极佳，可食率 93.3%。大连地区，盛花期 4 月中下旬，果实成熟期 6 月上旬。

（4）授粉品种　先锋、美早、拉宾斯等。

（5）适栽区域　辽宁、山东、山西、陕西、四川、河南、河北等大樱桃适栽区。

11. 桑提娜（彩图 5）

（1）品种来源　桑提娜，曾译名桑蒂娜，加拿大萨默兰试验站育成的早熟品种，亲本为斯坦勒 × 萨米脱。1989 年引入烟台，2008 年 9 月通过山东省农作物品种审定委员会审定。

（2）树体特征特性　树势中庸，树姿开张，早实性、丰产性好。外围 1 年生枝短截后一般发 3 ～ 5 个长枝，中下部芽多数形成叶丛枝。以大青叶作砧木，栽后第三年开始结果，第四年产量达 235 千克／亩，第五年进入盛果初期，产量达 748 千克／亩（同龄红灯产量仅为 352 千克／亩）。

（3）果实特性　果实紫红色至紫黑色，蜡质厚，光亮；果形呈心脏形，果形端正；果柄中长；果个大，平均单果重 8.6 克，最大单果重 14.6 克，该品种丰产性好，果个相对偏小；若控制产量在 1 200 千克／亩以内，平均单果重将在 9.3 克以上；果肉红色，较硬，风味甜，品质上等；可溶性固形物含量18.0%，抗裂果；果核卵圆形，较大，可食率91.9%。成熟期集中，一次可采收完毕。果实为红色时，即可采摘。

（4）授粉品种　自交结实，自然坐果率高。

（5）适栽区域　山东、辽宁、山西、陕西、四川、河南、河北等大樱桃适栽区。

12. 早红珠（彩图6）

（1）品种来源　大连市农业科学院从宾库的自然杂交实生苗中选出，育种编号 8-129，2011 年通过辽宁省种子管理局备案。

（2）树体特征特性　幼树枝条直立生长，枝条粗壮，萌芽率高，成枝力较强。苗木定植后第四年开始结果，采用轻剪技术，多缓放，同时配合支、拉等人工开张树姿的方法，提早结果。对多年生的枝组要及时回缩，避免造成结果部位外移。

（3）果实特性　果实紫红色，有光泽；果形呈宽心脏形，果顶圆、平，梗洼中广、中深、缓；果柄中等长度，平均长为 4.0 厘米；平均单果重 9.5 克，最大果重 10.6 克；果肉天竺葵红，肉质较软，汁液多，风味酸甜，鲜食品质上等；可食率 89.87%，可溶性固形物含量 18%～20%，总糖含量 12.52%，可滴定酸 0.71%，较耐储藏；核卵圆形，较大，黏核。果实发育期 40 天左右，在大连地区 6 月上旬为成熟期，比红灯早 4～6 天，为早熟品种。

（4）授粉品种　佳红、雷尼、红艳、红蜜、红灯、晚红珠等。

（5）适栽区域　辽宁、山东、山西、陕西、四川、河南、河北等大樱桃适栽区。

13. 美早（彩图7）

（1）品种来源　美国华盛顿州立大学普罗斯（Prosser）灌溉农业研究中心杂交育成，育种编号 PC71-44-6，亲本为斯太拉×早布莱特，国内 1988 年引入，2006 年通过山东省林木品种审定委员会审定。

（2）树体特征特性　树势强旺，生长势类似红灯，萌芽力、成枝力均强，进入结果期较晚，幼树以短果枝和花束状果枝结果为主。成龄树冠大，半开张，以枝组结果为主。粗壮的 1 年生长条甩放后，当年不容易形成叶丛花枝；细弱枝甩放后，易形成一窜叶丛花枝。丰产性中等，树势中庸偏弱时，结果多。若果实转白期至成熟前遇雨容易裂果，可搭建避雨设施防控。该品种树势较强，采用半矮化砧木（吉塞拉6号），利于控制树势，提早结果，实现高产。

（3）果实特性　果实红至紫红色，有光泽；果形呈圆至短心脏形，顶端稍平，脐点大；果柄粗短。果实大型，平均单果重11.6克，大果可达18克。果肉淡黄色，肉质硬脆，肥厚多汁，风味中上；可溶性固形物含量17.6%；果核圆形、中大，果实可食率达92.3%。果实红色时，可食，但果实风味稍差；紫红色时才能充分体现出该品种的固有特性。果实发育期50天左右，在烟台6月上中旬成熟。

（4）授粉品种　萨米脱、黑珍珠、先锋、拉宾斯等。

（5）适栽区域　山东、辽宁、北京、山西、陕西、四川、河南、河北、甘肃、云南等大樱桃适栽区。

14. 福星（图2）

（1）品种来源　烟台市农业科学院选育的中早熟、大果型优良品种。亲本为萨米脱×斯帕克里，育种编号03-2-18，2013年通过山东省农作物品种审定委员会审定。

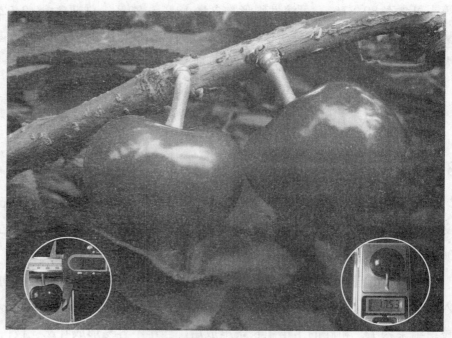

图2　福星

（2）**树体特征特性**　树势中庸偏旺，树姿半开张。主干灰白色，皮孔椭圆形，明显。1年生枝浅褐色，2年生枝灰褐色。具有良好的早果性，苗木定植当年萌发的发育枝基部易形成腋花芽，幼树腋花芽结果比例高。成年树以短果枝和花束状果枝结果为主。

（3）**果实特性**　果实红色至暗红色，果形呈肾形，果顶凹，脐点大，缝合线一面较平；果柄粗短，平均长为2.5厘米。果个大，平均单果重11.8克，最大果17.5克。果肉紫红色，肉质硬脆，可溶性固性物含量16.3%，可食率94.7%。果实发育期50天左右，在烟台地区6月10日左右成熟，成熟期同美早。

（4）**授粉品种**　美早、早生凡、萨米脱、红灯、桑提娜等。

（5）**适栽区域**　山东、山西、陕西、四川、河南、河北、云南等大樱桃适栽区。

15. 布鲁克斯（图3）

（1）**品种来源**　美国加州大学戴维斯分校杂交育成的早熟品种，亲本为雷尼×布莱特，1988年推出，山东省果树研究所1994年引进，2007年通过山东省林木品种审定委员会审定。

（2）**树体特征特性**　树体长势强，树冠扩大快，树姿较开张。新梢黄红色，枝条粗壮，1年生枝黄灰色，多年生枝黄褐色。

（3）**果实特性**　果实红色至暗红色，底色淡黄，有光泽；果形呈扁圆形，果顶平，稍凹陷；果柄粗短，平均长为3.1厘米。果实中大，平均单果重9.5克，最大果12.9克。果肉紧实，脆硬，甘甜，糖酸比是宾库的2倍；果核小，可食率96.1%。果实发育期45天左右，在泰安地区5月中旬成熟，在烟台，成熟期介于红

图3　布鲁克斯

灯和美早之间。需冷量低，为 680 小时。若果实发育中后期遇雨容易裂果。在果实成熟期，有降水的地区需搭建避雨设施。

（4）**授粉品种**　早大果、福星、美早、黑珍珠等。

（5）**适栽区域**　山东、山西、陕西、四川、河南、河北、浙江、上海等大樱桃适栽区。

16. 黑珍珠（彩图 8）

（1）**品种来源**　烟台市农业科学院 1999 年在生产栽培中发现的萨姆优良变异单株。2010 年通过山东省农作物品种审定委员会审定。

（2）**树体特征特性**　树势强旺，树姿半开张，萌芽率高（98.2%），成枝力强，成花易，当年生枝条基部易形成腋花芽。盛果期树以短果枝和花束状果枝结果为主，伴有腋花芽结果。自花结实率高，极丰产。幼树结果，果个较大，类似美早；丰产期树由于挂果较多，果个趋中。

（3）**果实特性**　果实紫黑色，有光泽；果形呈肾形，果顶稍凹陷，果顶脐点大；果柄中短，平均长为 3.1 厘米。果实大型，平均单果重 11 克，最大果 16 克。果肉、果汁深红色，果肉脆硬，味甜不酸，可溶性固形物含量 17.5%，耐储运。果实在鲜红色至深红色时，口感较好。在烟台地区 6 月中下旬成熟。

（4）**授粉品种**　美早、萨米脱、福星、福晨等。

（5）**适栽区域**　山东、辽宁、山西、陕西、四川、河南、河北、江苏等大樱桃适栽区。

17. 香泉 1 号（彩图 9）

（1）**品种来源**　北京市农林科学院林业果树研究所杂交选育的黄红色、晚熟、自花结实品种，亲本为斯坦拉 × 先锋，2012 年通过北京市林木品种审定委员会审定。

（2）**树体特征特性**　树势中庸，树姿较直立；1 年生枝阳面黄红色，新梢浅绿。进入盛果期后，以花束状果枝结果为主。

（3）**果实特性**　果实底色浅黄，阳面着红晕；果形呈近圆形，果柄中等长度，平均长为 3.6 厘米。果个大，平均单果重 8.4 克，最大单果重 10.1 克；

果实的平均纵径、横径和侧径分别为 2.4 厘米、2.6 厘米和 2.2 厘米。果实可溶性固形物含量 19.0%，品质好。果核重 0.39 克，可食率 95.0%。果实发育期 50～55 天。在北京地区 6 月上中旬成熟。

（4）**授粉品种**　自交结实，自然坐果率高。

（5）**适栽区域**　山东、北京、河北、河南等大樱桃适栽区。

18. 萨米脱（图 4）

图 4　萨米脱

（1）**品种来源**　加拿大萨默兰试验站 1973 年杂交，亲本为先锋 × 萨姆，1986 年推出。烟台市农业科学院果树研究所 1988 年从加拿大引入，2006 年通过山东省林木品种审定委员会审定。

（2）**树体特征特性**　树势中庸，早果丰产性能好，产量高，初果期以长中果枝结果，盛果期以花束状果枝结果为主。中庸偏旺的树，结果好，果个大；弱树、外围不抽长条的树，果个小。该品种适宜乔化砧木。

（3）**果实特性**　果实红色至深红色，有光泽，果面上分布致密的黄色小细点；果形呈心脏形，果顶尖，脐点小，缝合线一面较平；果柄中等长度，柄长 3.6

厘米。果个大，平均单果重 11～12 克，最大果 18 克。果肉粉红色，肥厚多汁，肉质中硬，风味上，可溶性固形物含量 18.5%，果核椭圆形，中小，离核。果实可食率 93.7%。在烟台，6 月中旬成熟。果实发育需冷量高，设施提早栽培中，打破眠剂要连续喷两遍。

（4）授粉品种　黑珍珠、美早、先锋、拉宾斯等。

（5）适栽区域　山东、辽宁、山西、陕西、四川、河南、河北、甘肃、江苏等大樱桃适栽区。

19. 拉宾斯

（1）品种来源　加拿大萨默兰试验站 1965 年杂交，亲本为先锋×斯太拉，1986 年推出，烟台市农业科学院果树研究所 1988 年从加拿大引入，2004 年通过山东省林木品种审定委员会审定。

（2）树体特征特性　树势强健，树姿半开张，树冠中大。早果性、丰产性均佳。花芽较大而饱满，开花较早，花粉量多。抗寒性较强，可自花结实，在樱桃坐果率较低以及早春频发霜冻的地域栽培，可获得较好的产量和效益。树体负载量较大时，果个偏小。

（3）果实特性　果实紫红色，果皮厚而韧，有光泽；果形近圆形，果柄中等长度，平均长为 3.2 厘米。果实中大，单果重 11.5 克（烟台现实生产中 7～8 克），加拿大报道平均单果重 10.2 克。果肉肥厚、脆硬，可溶性固形物含量达 16%，风味好，品质上等。在烟台地区 6 月中下旬成熟，成熟期一致，抗裂果。

（4）授粉品种　自交结实，自然坐果率高。

（5）适栽区域　山东、辽宁、山西、陕西、四川、河南、河北、甘肃、北京等大樱桃适栽区。

20. 艳阳（彩图 10）

（1）品种来源　加拿大萨默兰试验站 1965 年杂交，亲本为先锋×斯坦勒，1986 年推出，1989 年山东省烟台市芝罘区农林局从加拿大引入烟台，2008 年通过山东省农作物品种审定委员会审定。

（2）树体特征特性　幼树树姿较直立，分枝角度较小，盛果期树树势中庸，树冠开张。早果性、丰产性均佳。进入盛果期后，树体易早衰，结果部位外移，内膛易光秃；栽培管理中，应加大肥水投入，控制负载量，采取适当整形修剪措施，保持冠内合理光照。

（3）**果实特性** 果实红色至深红色，有光泽；果形近圆形，缝合线明显内凹；果柄中等长度，平均长为 3.5 厘米。果个大，平均单果重 11.6 克，最大果 22.8 克。果肉玫瑰红色，果汁红色，果肉肥厚、质地偏软，核中大，可食率 92.5%，果实可溶性固形物含量达 17.5%。果实发育期 55 天左右。在烟台地区 6 月中旬成熟，与先锋成熟期相近。若果实成熟期遇雨容易裂果。

（4）**授粉品种** 自交结实，自然坐果率高。

（5）**适栽区域** 山东、山西、陕西、四川、河南、河北等大樱桃适栽区。

21. 佳红（彩图 11）

（1）**品种来源** 育种编号号 3-41，大连市农业科学院 1974 年杂交，亲本为宾库×黄玉，1992 年定名，为大果型、黄红色、早中熟、异花结实优良品种。

（2）**树体特征特性** 树势强健，生长旺盛，幼树生长较直立，结果后树姿逐渐开张，枝条斜生，一般第三年开始结果，初果期中长果枝结果，逐渐形成花束状果枝，第五至第六年以后进入高产期。6 年生树平均亩产 1 018 千克，8 年生树平均亩产 1 299 千克。

（3）**果实特性** 果实底色浅黄，阳面着浅红色，果皮薄；果形呈宽心脏形，果柄中等长度。果个大而匀，平均单果重 9.7 克，最大果 13 克。果肉浅黄色，质脆，肥厚，多汁，风味酸甜适口。核小，黏核，可食率 94.5%，可溶性固形物含量 19.7%，品质上等。果实发育期 55 天左右，比红灯晚熟 1 周。

（4）**授粉品种** 红灯、巨红、桑提娜等。

（5）**适栽区域** 辽宁、山东、山西、陕西、四川、河南、河北等大樱桃适栽区。

22. 彩霞（彩图 12）

（1）**品种来源** 北京市农林科学院林业果树研究所从大樱桃实生后代群体中选育出的晚熟新品种，亲本不详。1998 年播种，2002 年开始开花结果。2010 年通过北京市林木品种审定委员会审定。

（2）树体特征特性　树姿开张；1 年生枝阳面棕褐色，早果丰产性好，自然坐果率高。树势中庸，花芽形成好，各类果枝均能结果，初果期以中长果枝结果为主，进入盛果期后，以短果枝和花束状果枝结果为主。

（3）果实特性　果实初熟时黄底红晕，完熟后全面鲜红色；果形呈扁圆形。果个中等，平均单果质量 6.23 克，最大果 9.04 克。果肉黄色，脆，汁多，风味酸甜可口，可溶性固形物含量 17.05%。果核重 0.58 克，核长 1.27 厘米，可食率 93%，果柄长，平均长度 4.9 厘米。果实发育期 72 ～ 74 天，在北京地区 6 月中下旬成熟。

（4）授粉品种　雷尼、红灯、先锋等。

（5）适栽区域　北京、山东、河南、河北等大樱桃适栽区。

23. 福玲（图 5）

（1）品种来源　烟台市农业科学研究院以红灯为母本，萨米脱和黑珍珠的混合花粉为父本，选育的早熟、大果型品种，育种编号 03-1-7，2017 年通过山东省林木品种审定委员会审定。

（2）树体特征特性　树势中庸，树姿开张。主干灰白色，皮孔椭圆形；1 年生枝浅褐色，2 年生枝灰褐色。幼树生长势弱于红灯，萌芽率高，成枝力较强。树冠半开张，具有良好的早产性，采用纺锤形整枝，栽后第三年开始结果，第四年产量为 312.8 千克／亩，第五年产量为 766.2 千克／亩，第六年产量为948.6 千克／亩（红灯为 612.6 千克／亩）。

（3）果实特性　果皮紫红色，缝合线平，果顶前部较平；果形呈肾形，果柄中等长度，平均长为 3.7 厘米。果个大，平均单果重 10.4 克，果实纵径2.38 厘米，横径 2.92 厘米，侧径 2.41 厘米；果肉紫红色，可溶性固形物含量 18.6%，总糖含量 11.25%，总酸含量 0.65%，鲜食品质上等。核小，卵圆形，可食率 94.2%。果实发育期 42 天左右，比红灯早熟 5 ～ 7 天，在烟台地区 5 月 27 日前后成熟。

（4）授粉品种　先锋、斯帕克里、水晶、桑提娜等。

（5）适栽区域　同红灯适栽区域。

图5 福玲

24. 福阳（彩图 13）

（1）品种来源　烟台市农业科学研究院从黑珍珠自然杂交实生苗中选育的紫黑色、大果型品种，育种编号 03-5-8，2016 年通过山东省林木品种审定委员会审定。

（2）树体特征特性　树势强旺，类似于红灯、美早，枝条粗壮，树姿半开张。多年生枝灰白色，1 年生枝灰褐色，枝条粗壮。萌芽率高、成枝力强，成花易，当年生枝条基部易形成腋花芽，粗壮的大长条甩放后，易形成一串花芽，成花多，具有良好的早产性。盛果期树以短果枝和花束状果枝结果为主。

（3）果实特性　成熟时，果实紫红色，有光泽；果形呈宽心脏形，果顶稍凹陷；果柄中等长度，平均长为 3.6 厘米。果个大，平均单果重 9.67 克，果实横径 2.76 厘米，纵径 2.41 厘米，侧径 2.28 厘米。果肉、果汁深红色，可溶性固形物含量 18.7%，总糖含量 11.62%，总酸含量 0.61%。果实挂果时间长，在鲜红至紫红色时，口感好。果实发育期 50 天左右，在烟台地区正常年份 6 月上中旬成熟。

（4）授粉品种　萨米脱、黑珍珠、斯帕克里、桑提娜等。

（5）适栽区域　同黑珍珠适栽区域。

33

25. 福金（彩图14）

（1）**品种来源**　烟台市农业科学研究院以雷尼为母本、晚红珠为父本，杂交选育的极晚熟、黄红色、大果型品种，育种编号2003-6-12，2016年通过山东省林木品种审定委员会审定。

（2）**树体特征特性**　幼树树势强健，生长势较先锋强，树姿半开张。主干灰白色，皮孔椭圆形，1年生枝浅褐色，2年生枝灰褐色。枝条粗壮，萌芽率高，成枝力较强。具有良好的早产性，当年生枝条基部易形成腋花芽，腋花芽结果比例高，结果性状类似于晚红珠。采用纺锤形整枝，栽后第三年开始结果，第四年产量为372.8千克/亩，第五年产量为867.6千克/亩，第八年产量为1 261.6千克/亩（先锋为904.4千克/亩）。

（3）**果实特性**　果实底色黄色，果面着鲜红色，光照良好时可全面红色，具光泽，艳丽，与母本雷尼相近；果形呈肾形；果柄中短，平均长为2.7厘米，成熟期与果肉不易分离。果实为大型果，平均单果重11.7克，最大果达15.1克，果实纵径2.51厘米，横径3.06厘米，侧径2.50厘米。果肉乳黄色、肥厚多汁、肉质硬脆、甜味浓，鲜食品质上，可溶性固形物含量22.5%；核小，核重0.44克，卵圆形，表面无沟纹，果实可食率95.1%。果实发育期72天左右，在烟台地区6月中下旬成熟，较先锋晚熟7天左右，与父本晚红珠相近。

（4）**授粉品种**　红灯、桑提娜、艳阳等。

（5）**适栽区域**　适合种拉宾斯的地区都可以栽培。

26. 福翠（彩图15）

（1）**品种来源**　烟台市农业科学研究院选育的硬脆、高甜品种，育种编号04-9-19，2015年通过山东省农作物品种审定委员会审定。

（2）**树体特征特性**　树势中庸，树姿开展。枝条粗壮，萌芽率高，成枝力较强。早果丰产性好，定植后第三年开始结果，第四年产量为526.28千克/亩，第五年产量为1 030.86千克/亩。

（3）**果实特性**　果实底色为黄色，着红晕，有光泽；果形呈宽心脏形，果顶圆、平，梗洼中广、中深、缓；果柄中短长度，平均长为3.2厘米。果实中等偏小，平均单果重7.56克，最大果重10.62克，纵径2.16厘米，横径2.53

厘米。果肉黄色，肉质较硬，风味甜，味较浓，可溶性固形物含量21.1%，总糖含量12.62%，总酸含量0.56%，鲜食品质上等。核卵圆形，较小，黏核，可食率92.1%。较耐储藏。果实发育期50天左右，较雷尼晚熟2～3天，在烟台地区6月上中旬成熟。

（4）授粉品种　雷尼、斯帕克里、黑珍珠等。

（5）适栽区域　适合种先锋和拉宾斯的地区都可以栽培。

27. 状元红

（1）品种来源　大连市农业科学研究院从红灯嫁接苗无性系中发现的早熟芽变。2016年4月通过辽宁省非主要农作物品种备案委员会备案。

（2）树体特征特性　树姿半开张，幼树生长健壮，进入结果期后，树势中庸。进入结果期早，连续结果能力强，丰产、稳产性好，露地栽培生长势一致，无大小年结果现象。

（3）果实特性　果实紫红色，果实呈肾形，果柄中短，平均长度为3.2厘米。果个大，平均单果质量11.3克，最大可达14.3克；果实平均纵径2.4厘米，横径3.1厘米，果肉厚度达1.2厘米。果肉较软，肥厚多汁；可溶性固形物含量20.7%，pH 3.5，干物质含量22.1%，可溶性糖含量13.8%，总酸含量0.75%，维生素C含量为118毫克/千克；核卵圆形，较大，黏核，果实可食率可达92.8%；较耐储运。果实发育期42天左右，比红灯早熟3～5天，在大连地区6月上旬成熟。

（4）授粉品种　砂蜜豆、拉宾斯、雷尼、晚红珠等。

（5）适栽区域　山东、山西、陕西、四川、河南、河北等大樱桃适栽区。

28. 冰糖樱（彩图16）

（1）品种来源　烟台市农业科学研究院从红蜜实生苗中选育的早熟、高甜品种，2018年通过山东省林木品种审定委员会审定。

（2）树体特征特性　树势中庸，树姿开张。成枝力较强，早产性好。盛果期树以花束状果枝结果为主。采用单轴延伸整枝，栽后第三年开始结果，第四年产量为283.8千克/亩，第五年产量为630.5千克/亩，第六年产量为

970.0 千克 / 亩，丰产、稳产。

（3）果实特性 果实底色为黄色、着红晕；果形呈心脏形，缝合线平，果顶前部较平；果柄中短，平均长度为 3.2 厘米。果个中等，平均单果重 7.2 克，最大单果重 11.2 克，果实纵径 2.22 厘米，横径 2.31 厘米，侧径 2.24 厘米。果肉淡黄色，肉质较硬，风味浓甜，可溶性固性物含量为 23.8%，可食率 91.0%，鲜食品质上等。核卵圆形，较小，黏核。在烟台莱阳地区 5 月底 6 月初成熟。

（4）授粉品种 晚红珠、黑珍珠、红蜜等。

（5）适栽区域 适合种红灯的地区都可以栽培。

五、大樱桃砧木品种介绍

1. 当今生产上应用的大樱桃砧木有哪些？如何选择？

无论是国外还是国内，生产上大多采用马扎德、马哈利、考特、东北山樱、大青叶等乔化砧木。在土耳其，应用马扎德、马哈利的分别占总面积的40%、29%。2000年，我国引进吉塞拉5号和吉塞拉6号，由于管理技术不到位，多年后吉塞拉5号砧木大多数表现早衰，目前应用吉塞拉5号的仅为4%。在美国，马扎德和马哈利应用也比较普遍，但为了便于管理、节约生产成本，目前主推吉塞拉6号。在智利，2005～2009年应用考特、CAB-6P、吉塞拉6号的分别占总面积的37%、16%、26%，2010年分别为55%、20%、9%；CAB-6P表现较好，但易生根蘖苗；吉塞拉系列矮化砧早产性好，但在夏季高温干旱地区树势易早衰。因此，考特以其优良的综合性状成为智利主推的砧木。匈牙利绝大多数采用马哈利。保加利亚应用马哈利的超过90%。

长期以来，我国的大樱桃砧木主要以中国樱桃（小樱桃）为主，至今在烟台福山的绍瑞口村有上百年的以小樱桃为砧木的大樱桃树（图6、图7），在烟台牟平的高陵、莱山的院格庄，一直应用小樱桃种子育苗，而且每年都有用户市场，一些栽培樱桃多年的果农，就喜欢小樱桃根嫁接的苗木。随着生产的发展、科研的深入，一些新的砧木品种不断涌现，包括大青叶、烟樱3号（优系大青叶）、考特、马哈利、吉塞拉5号、吉塞拉6号、吉塞拉7号、戴米尔、ZY-1、兰丁1号、兰丁2号、兰丁3号、Y1等。目前在山东省应用表现较好的乔化砧木有大青叶、烟樱3号、考特、马哈利；矮化砧木有吉塞拉6号和吉塞拉7号。辽东半岛应用表现较好的乔化砧木有东北山樱、大青叶、马哈利。北京、河北主要应用大青叶，目前主推兰丁系列。兰丁系列和马哈利对盐碱地适应性较好，其他一些砧木尚处于扩大繁育或扩大试栽阶段，有些砧木还处于试验阶段。

图 6　百年樱桃树

图 7　百年樱桃树结果状

通过多年多地试验试栽发现，砧木的选择同样存在区域化的问题，相同的砧木在不同地区表现也不同，如东北山樱，很多地区反映根瘤病严重，园相不整齐，但在辽南地区表现很好；国内应用多年的考特砧木在山东烟台等地表现根瘤病较重，园相不整齐，但在鲁中地区表现较好。因此，砧木的选择要在充分论证的基础上，经过小规模、多点区域性试验以后再进行大规模推广。

2. 大青叶砧木的品种特性有哪些？

山东烟台从中国樱桃中选育出的大樱桃砧木，其优点是根系分布深，细根少，粗根多，固地性较好；抗逆性强，寿命较长；与大樱桃品种嫁接成活率高，一般可达95％以上。枝条较硬，直接扦插不易成活，有气生根，可压条繁殖。比较耐涝，但不耐寒。以大青叶作砧木的大樱桃树生长旺盛，树冠扩大快，无"小脚"现象。为加强根系固地性，可采取提高嫁接部位的方法，一般可于地上部10～20厘米处嫁接，每年培土，促使产生根蘖，增加根量。在辽宁、河北等地的局部地区有"抽条"现象。

3. 烟樱 3 号砧木的品种特性有哪些？

烟樱3号，原名优系大青叶。1997年春，在烟台农业科学研究院院内进行大青叶砧木苗压条繁殖，8月进行田间选优时，发现一株与其他大青叶明显不同，该植株叶片椭圆形，大而厚，浓绿色，长势粗壮，较大青叶矮，分枝少。1998年进行压条繁殖，2002年获得该砧木压条苗5 000株左右。2003年春，嫁接萨米脱、艳阳、拉宾斯等品种，嫁接亲和性好，苗木嫁接成活率达80％以上，一级苗出苗率在60％以上，与大青叶基本一致。该砧木根系发达，固地性强，嫁接的大樱桃树生长旺盛、亲和性好、无大小脚病，园相整齐，综合性状优良，在抗涝性、抗根瘤病方面明显优于大青叶。

4. 考特砧木的品种特性有哪些？

1958年英国东茂林试验站用大樱桃和中国樱桃杂交，培育成世界第一个大樱桃半矮化砧木，20世纪70年代推出。该砧木矮化作用在不同的地方表现不一样，在英国其嫁接树的生长量大约是马扎德的营养系F12/1嫁接树的

2/3，但在美国、意大利则不显其矮化作用，其早果性和丰产性仍然是值得肯定的。优点是分蘖生根能力很强，根系发达，抗风能力强，扦插或组织培养容易，也可压条、分株繁殖，与大樱桃品种嫁接亲和力强，成活率高，接口愈合良好，与接穗品种的生长发育一致，无"大脚"或"小脚"现象。缺点是易感根癌病，抗旱性差，适宜在比较潮湿的土壤中生长，不宜在背阴、干燥和无灌溉条件的地块栽植，也不宜栽植在土壤黏重、透气性差及重茬地块上。

5. 马哈利砧木的品种特性有哪些？

国外引进的大樱桃乔化砧木，根系发达，耐旱，但不耐涝，比较适合在轻壤土中栽培，在黏重土壤中生长不良。根系发达，固地性良好，抗风能力强，不易倒伏；毛细根少，大树移栽成活率低。抗寒力很强，在 -30℃低温下不受冻害。适于 pH 8.4 以下的微碱性和沙质土壤，不适于黏重土壤，其根系容易受蛴螬危害，必须做好防治工作。

采用马哈利樱桃作大樱桃砧木的优点：可用种子播种繁殖，且出苗率高，砧苗生长旺盛，播种当年即可嫁接。与大樱桃嫁接亲和力强（也有认为马哈利樱桃与某些东方大樱桃品种嫁接不亲和）。用马哈利作砧木的大樱桃树结果早、产量高、果实大、抗逆性强、无根癌病发生。幼树期树体长势旺，结果后逐渐缓和，树势中等，半开张。萌生不定根的能力较差，不适合扦插和压条繁殖。

6. 吉塞拉系列砧木的品种特性有哪些？

德国吉森大学杂交育成。美国和加拿大 1987 年成立砧木比较试验合作组，引进 17 个吉塞拉优系进行试验，1995 年筛选出 4 种吉塞拉矮化砧木在生产上推广应用，分别是吉塞拉 5 号（矮化程度相当于马扎德的 45%）、吉塞拉 6 号（矮化程度相当于马扎德的 70%）、吉塞拉 7 号（矮化程度相当于马扎德 50%）、吉塞拉 12 号（矮化程度相当于马扎德 60%）。特点是：与大樱桃嫁接亲和力强，嫁接的大樱桃早果性、丰产性好；对常见的樱桃细菌性、真菌性和病毒病害均具有很好的抗性，如根癌病、流胶病、李矮缩病毒病和樱属坏死环斑病毒病。近几年又推出了吉塞拉 3 号、吉塞拉 4 号和 Gi 195/20，其中，吉塞拉 3 号比吉塞拉 5 号更矮化，Gi 195/20 为大樱桃与草原樱桃杂交育成，半矮化。下面着重介绍吉塞拉 5 号和吉塞拉 6 号。

（1）吉塞拉 5 号 吉塞拉 5 号为矮化砧，以酸樱桃为母本，与灰叶毛樱桃杂交育成。其嫁接树的树冠只有标准乔化砧马扎德的 45%～50%，树体开张，分枝基角大。其突出的优点是早果性极好，嫁接的大樱桃第二年开始结果。缺点是要求很好的土壤肥力和水肥管理水平，否则容易出现早衰，并需立柱支撑。适合黏重土壤。对李矮缩病毒病和樱属坏死环斑病毒病具有很好的抗性。结果多时，果个小。若采用适宜的修剪、肥水和病虫害防治管理技术，保持健壮的树体，可以平衡负载量并保证果实正常大小。

（2）吉塞拉 6 号 吉塞拉 6 号属半矮化砧，酸樱桃与灰叶毛樱桃杂交育成，具有矮化、丰产、早实性强、抗病、耐涝、土壤适应范围广、抗寒等优良特性。其树冠体积是马扎德的 70%，长势强于吉塞拉 5 号。嫁接树树体开张，圆头形，开花早，结果量大。适应各种类型土壤，固地性能好，在黏土地上生长良好，萌蘖少。

7. ZY-1 砧木的品种特性有哪些？

中国农业科学院郑州果树研究所 1988 年从意大利引进的大樱桃半矮化砧木，其特点是根系发达，生长健壮，对气候和土壤有较广泛的适应性，在 pH 8.4 以下除极黏重之外的土壤上都能健康生长，早果性较好。萌芽率及成枝率均较高，抗寒、抗旱性强，根癌抗性一般，幼树生长较快，进入结果期后，树势明显下降。与大樱桃品种嫁接亲和力好，无"小脚"现象，结果期早，稳产，可适当发展。但该砧木的根被挖断时易长出根蘖苗，故应注意减少断根，成年树施基肥时可在两行树中间挖浅沟施后盖土。

8. 东北山樱砧木的品种特性有哪些？

该品种主要分布在辽宁的凤城、本溪、宽甸和吉林的集安、通化等地，主要产地为本溪，故也称本溪山樱。山樱桃属于高大乔木，30 年生大树高可达 20 米以上。树冠半开张，枝条粗壮，生长健壮，进入结果期早。

不同种类的山樱桃抗病能力差异较大，故用山樱桃作大樱桃砧木，应注意选择适宜的种类，以免患"小脚"病、根癌病。山樱桃按果实大小、枝条软硬可分为两种：一种为大果软枝型山樱桃，此类型与大樱桃嫁接亲和力很好，很少出现"小脚"病现象；另一种为小果硬枝型山樱桃，与大樱桃嫁接时"小脚"病较重，死亡率高。采取紧贴根部进行嫁接的办法可减少"小脚"病的发病率。对已发生"小脚"病的樱桃树，可采用桥接的办法加以解决。山樱桃易感根癌病。

采用山樱桃作砧木的优点：可用种子繁殖，快且容易，生长旺，当年可嫁接，嫁接成活率高，一般可达到70%～90%，嫁接苗木及幼树生长健壮，抗寒力强。

9. Y1 砧木的品种特性有哪些？

Y1 是从矮化砧木吉塞拉 6 号与大樱桃品种红灯的杂交后代中选出的四倍体矮化砧木，其生长势强，幼树生长速度快，表现早实、丰产，抗病性强，土壤适应性广，与大樱桃嫁接亲和性强，无"小脚"现象，通过山东省林木品种审定委员会审定，为自行培育、适应区域广泛的大樱桃矮化砧木品种。Y1 株系的生长势强于吉塞拉 6 号，早果性和丰产性同于吉塞拉 6 号。

10. 兰丁 2 号砧木的品种特性有哪些？

兰丁 2 号是大樱桃和中国樱桃的杂交后代，与中国樱桃、CAB、吉塞拉相比，具有抗根瘤的特点。与 CAB 相比，兰丁 2 号具有明显的早果、丰产特性。可以在较贫瘠的土壤和重茬地种植，具有广泛的适应性。

六、大樱桃根系、芽、果实的生长发育特点

1. 大樱桃根系生长发育有哪些特点？

大樱桃根系的生长发育及分布特点与砧木类型、土壤疏松程度、土壤养分状况、栽植模式等有关。按照根系来源分为实生根系、茎源根系、根蘖根系。

（1）实生根系 一般主根发达，根系分布广，生命力强，但个体间往往有差别，容易造成树体大小不一。马哈利、中国樱桃（小樱桃）、东北山樱等砧木多采用种子繁殖。

（2）茎源根系 由茎上的不定根发育而来的，一般主根不发达或没有明显的主根，分布较浅，大部分根系分布在地面以下 20～40 厘米，细根多，大树移栽成活率高，由于来源于同一个母本，个体间差异较小，树体生长发育较整齐。

（3）根蘖根系 其特点类似于茎源根系，规模化育苗中采用较少。

同一砧木，在不同的管理措施与土壤条件下，其分布范围、根系组成、抗逆性也不同。由于大樱桃根系呼吸强度大、需要氧气多，因此在土层深厚、疏松肥沃、透气性好、管理水平较高的情况下，往往根系发达、分布广、功能强，所以苗木栽植时不宜过深，否则长势不旺。另一方面，根系分布浅，树体抗倒伏能力差，尤其在 7～8 月的涝雨季节，若遇大风或台风，树体易倒伏，而倒伏后，若扶直，易死树。因而要求从幼树期开始就固定栽培。

2. 大樱桃芽如何分类？

大樱桃芽按着生的位置分，可以分为顶芽、腋芽（也叫侧芽）：顶芽是位于枝条顶端的芽，腋芽是叶腋中的芽。按照芽抽生的功能分，可分为叶芽和花芽：叶芽较瘦长，所有枝条的顶芽、发育枝的腋芽、中长结果枝的中上部腋芽都是叶芽；花芽饱满，中间鼓起，萌发后开花结果，花束状结果枝、短果枝和

中果枝的所有明显膨大的腋芽、长果枝基部多个膨大的腋芽通常是花芽。还有一种不易见的芽——潜伏芽（也叫隐芽），是腋芽的一种，是由副芽或芽鳞、过渡叶叶腋中的瘦芽发育来的，寿命长，往往可以维持 10 ～ 20 年，甚至更长时间。潜伏芽（图 8）是骨干枝和结果枝更新的基础，对于树体的更新复壮、延长结果年限有重要的意义。

图 8　潜伏芽萌发

3. 大樱桃芽的生长发育有哪些特性？

大樱桃的芽为单芽，多离生。每个叶腋只有一个明显的主芽，两侧的副芽弱小。在苗木出圃、储藏、运输、栽植过程中应注意对芽的保护，尤其是对整形带部分芽的保护，避免碰落，造成光秃或栽植当年发枝不理想等后果。这对于有细长纺锤形或高纺锤形整形要求的尤为重要。

大樱桃的花芽为纯花芽，每个花芽有 1 ～ 5 朵花，大多数开 2 ～ 3 朵。开花结果后，着生花芽的节位即光秃，所以在前端叶芽抽枝延伸的过程中，枝条后部和冠层内堂容易发生光秃，造成结果部位外移。这对于生长势强、拉枝角度不到位、冠层内透光性差、前端生长势过强的树尤为明显。生产上可以采用修剪、整形技术进行调控，如拉大同侧结果枝间距、开张角度，保障冠层内通风透光；疏除树冠外围过多的竞争梢，控制骨干枝前端生长势，抑前促后，保障冠层内结果枝组对营养的需求；早摘心，控制新梢的芽间距和生长势，促进新梢基部花芽的形成，结合冬季修剪，培养稳定的结果枝组；还可通过刻芽、重回缩等方式刺激潜伏芽的发生，培养新的结果枝组。

4. 大樱桃花芽分化的特点有哪些？

大樱桃的花芽分化包括生理分化和形态分化，与其他果树相比，具有分化时间早、时期集中、分化速度快的特点。烟台地区大樱桃花芽分化谢花后20～25天开始，80～90天基本完成。此期若营养状况不良，会影响花芽分化，降低花芽质量，造成授粉受精不良，从而导致果实产量和品质下降。大樱桃畸形果就是由于在花芽分化过程中雌蕊原基分化异常造成的，主要表现为连体双果、山鼻果，甚至连体三果、四果。因此，在这段时期必须加强肥水管理，提高光合效率，缓和营养生长，确保对生殖发育的营养供应，以促进花芽分化，提高花芽数量与质量。

5. 大樱桃果实有哪些类型？

（1）按照成熟期　分为极早熟、早熟、中熟、晚熟、极晚熟品种，从极早熟到极晚熟，依次为福晨、瓦列里、早大果、红灯、明珠、布鲁克斯、桑提娜、福星、美早、萨米脱、黑珍珠、鲁玉、彩玉、拉宾斯、福金、红手球、巨晚红等。

（2）按照果实的颜色　分为红色（浅红色、深红色、紫红色、黑红色、黄红色）、纯黄色、紫色三大类。生产上的大多数品种为红色品种，如福晨、红灯、美早、福星、黑珍珠等；福金、雷尼、佳红属于黄红色品种；月山锦、黄龙属于黄色品种。

（3）按照果肉的硬度和口感　分为软甜型（水晶、冰糖樱、明珠等）、脆甜型（布鲁克斯、福翠等）、普通型（红灯、早大果等）、硬肉型（美早、晚红珠等）。目前，生产上大多品种属于软甜型、普通型和硬肉型，脆甜型的品种较少。在国内消费需求呈多元化发展和消费市场需求的变化（消费需求正从常规大果型品种逐渐向脆甜特色品种转变）下，今后一段时期应重点推广脆甜型品种。

（4）根据果肉与果核是否分离　分为离核、半离核、黏核3种类型。

6. 大樱桃果实发育的特点是怎样的？

大樱桃果实生长发育期较短，早熟品种一般为30～40天，中熟品种50天左右，晚熟品种60天左右。果实发育进程可划分为3个时期：第一次速长期、硬核和胚发育期、第二次速长期（果实迅速膨大期）。

（1）第一次速长期　是从谢花后到硬核前，一般10～15天。该时期主要是子房细胞旺盛分裂、果柄维管束发育完善，是果实单果重增加的关键时期，表现为果实纵径生长量大于横径生长量，该阶段结束时果核长至果实成熟时大小，未木质化，呈白色，果实大小是采收时果实大小的10%～25%。此期若授粉树配置不合理，或花期遇低温、多雨，或花芽质量差，或花期遇高温等，则授粉受精不良，造成落果。

（2）硬核和胚发育期　一般10～20天（露地条件下）。此期果实纵、横径生长缓慢，果核由白色逐渐转为褐色，木质化并硬化，胚发育成熟、胚乳被吸收。这段时间单果重的实际增长量，占采收时果实大小的10%以下。这一时期的长短决定果实成熟期的早晚。该时期是营养竞争的关键时期，应加强前期水分和养分的及时供应，否则容易引起黄化落果，也可以通过修剪减少花量，疏除晚茬花和晚茬果，谢花后调控浇水等措施，控制坐果量，节约营养消耗，减轻或避免黄化落果的发生。

（3）第二次速长期（果实迅速膨大期）　指从硬核后至果实成熟，一般15～30天。此期果实的增长量占采收时果实大小的70%～90%。该时期若肥水稳定供应，天气较冷凉，则果实膨大充分；若遇高温（25℃左右）、缺水，果实则发育缓慢，提早成熟，果实不能达到品种固有的风味，颜色浅、果个小、糖度差。果实转白期若遇大雨、大水灌溉或气温骤降，极易引起裂果。所以，此期既要保证充足的水分供应，又要保持土壤湿度的相对稳定，还要增施速效性肥料。果实成熟前1周，是果个膨大、甜度增加的一个最明显的时期，过早、过晚采收都会影响果个和品质。

七、大樱桃肥、水、土壤管理

1. 大樱桃生长发育对土壤条件的要求有哪些?

栽植大樱桃适宜的地形为低缓丘陵山地,不选低洼、易遭霜冻以及风口、风大的地块;北向山坡温度回升慢,大樱桃的花期比向阳山坡开始得晚,利于躲过晚霜危害,但是成熟期晚。

由于大樱桃根系呼吸强度大,对土壤条件要求较高,适宜在土壤深厚、土质肥沃疏松、保水保肥性较好的沙壤土或砾质壤土,活土层要求达41厘米以上,不足的,要深翻改造;土壤有机质含量在1.5%以上,不足的,建园前要增施有机肥(粪)改造或通过后期管理提升。大樱桃对盐碱反应敏感,含盐量超过0.1%的土壤,不宜栽植;有轻微盐碱的,在选择苗木时,应选抗盐碱能力较强的砧木。园地周边要有灌溉用水或能打深机井。园地能排水,平原地区的园地周边要有大而深的排水沟。地下水位要求在1.5米以下。

2. 为什么盐碱地不能种大樱桃?

大樱桃不耐盐碱,尤其不耐钠离子、氯离子,含盐量超过0.1%的土壤,不宜栽植,这也是为什么大樱桃在盐碱地域发展不起来的缘故。虽然大樱桃在个别地域,如甘肃天水 pH8.78 时,也能正常开花结果,但大樱桃最适宜的土壤 pH6.2～6.8。试验表明,2年生美早盆栽苗(砧木为大青叶),当土壤中硫酸钠或氯化钠含量达到10毫摩尔/千克时,叶片就会表现出轻微的受害症状,氯化钠的危害程度比硫酸钠更严重。

3. 栽植前如何改良土壤?

栽植前活土层达不到深度要求的,要进行全园深翻改造,严禁仅挖和仅改造栽植沟(栽植带)。优质樱桃生产需要透气性好、有机质含量高的土壤,要求土壤有机质含量在 1.5%～3%。针对土壤有机质含量低的田地,改造前每亩撒施发酵的牛粪 4 000 千克或鸡粪 2 000 千克以上;有条件的,在修筑台田前,地面铺放 10 ～ 20 厘米厚的发酵牛粪、发酵羊粪、发酵鸡粪、发酵作物秸秆肥等体积较大、透气性较好的有机肥,然后旋耕,筑台。对于酸性土壤,每亩加施硅钙镁或硅钙钾镁土壤调理剂 400 ～ 500 千克。

4. 大樱桃的需肥特性怎样?

大樱桃对树体储藏营养的依赖性较大。大樱桃萌芽、开花、坐果及抽新梢,都是消耗上一年树体储藏的营养;春梢生长与果实发育基本同步进行,需肥集中。若储藏营养不足,对坐果率和产量影响很大。大樱桃花量大,开花消耗氮素多,生产中应通过农艺措施(如春秋季喷施生物氨基酸),增加树体的氮素营养储藏水平,以满足大量开花对氮素营养的大量需求。

果实的生长发育对树体储藏营养也具有很强的依赖性。大樱桃果实生长发育期短,早熟品种为 5 ～ 6 周,晚熟品种为 6 ～ 8 周。早熟品种果实发育期约有 1/2 的时间依赖储藏营养供给完成,直到果实硬核期才开始转入营养转换期,实际上果实硬核期与营养转换期是同步进行的。大樱桃的枝叶生长、开花结果都集中在生长季节的前半期,花芽分化多在采果后的较短时间内完成,所以养分需求也集中在生长季节的前半期。樱桃从展叶到果实成熟前需肥量最大,采果后需肥量次之,其余时间需肥量较少。从果实生长发育过程来看,当年储藏营养水平的高低决定着翌年果实生长发育的过程和产量品质。

在生长季节,若树体提早落叶,则冬季叶丛花枝及枝条容易冻死,重者全株死亡,所以应及早采取措施防止大樱桃提早落叶。生产中应通过喷药保叶及采用其他农艺措施(如拉枝开角),最大限度地增加树体以储藏营养。

5. 大樱桃对水分的需求规律是怎样的?

大樱桃果实发育期短,成熟早,对水分需求比较大。从春天开花到果实成熟，早熟至晚熟品种一般需30～60天，而此期正是北方干旱少雨的季节，因此，大樱桃生产需要良好的水浇条件。谢花后，延迟浇水，可适当降低坐果率，控制产量。试验证明，谢花后第一天浇水，可保住谢花时树体原果量的80%左右，浇水每延迟1天，坐果量下降10%～15%，因此，可根据目标产量，通过浇水早晚来调整树体坐果量。果实发育期如果遇干旱，会影响树体对养分的吸收和转化，引起营养竞争，造成落果；硬核期如果遇干旱表现尤为明显，易引起大量黄化落果，影响产量；转白期至果实成熟前，如果久旱遇大雨或突然灌大水，易出现裂果，影响果实品质；果实膨大期如果缺水，会造成果个小。雨季土壤积水，容易引起流胶、死枝、死树等现象。

6. 为什么大樱桃既怕旱又怕涝？

大樱桃对土壤水分状况的变化非常敏感，土壤缺水或水分过多都会影响其生长发育。大多数品种在年降水量500～800毫米的地区较为适宜栽植。大樱桃根系浅、分布范围小，根系的水平分布范围往往小于树冠投影面积。大樱桃新生根略呈肉质，吸收养分的能力差，对环境的适应能力较差，既怕旱又怕涝。当土壤含水量降至10%左右时，新梢生长极为缓慢，甚至会停止生长；降至7%左右时，叶片会发生萎蔫。刚定植的苗木根系处的土壤如果手握不成团，就容易"吊干死"。

当大樱桃根系主要分布区域处于涝渍状态时，会造成土壤缺氧，根系生长不良，甚至死亡，根颈处腐烂，引起黄叶、落叶、死枝、死树，影响大樱桃叶片光合性能，因此，生产上起台的高度须高于根系主要分布层，避免其遭受胁迫。与干旱胁迫相比，涝害会引起根系缺氧和生理缺水双重胁迫，危害更为严重。因此，栽植大樱桃要求地势高、地下水位低及具备良好排水条件的地块。

7. 大樱桃控水防涝的主要技术措施有哪些？

李芳东等研究表明，2年生大青叶砧木的美早苗在持续渍水胁迫48小时情况下，根系受损，叶片由叶尖开始向叶缘逐渐干枯；持续渍水胁迫96小时情况下，即使解除胁迫，植株仍会死亡。因此，对于大樱桃生产而言，涝害只能预防，涝害发生后很难补救。主要预防措施如下：

1）选择地势高、地下水位低的地块建园。

2）挖好排水沟。

3）选用抗涝性较好的砧木。李芳东等以 5 种砧木嫁接的美早 2 年生苗为材料，综合评价不同砧木的抗涝性，抗涝性强弱依次为考特、大叶大、大青叶、樱砧王、山水樱桃。

4）台田栽培。平泊地密植栽培樱桃，一般要修筑台田。其目的一是雨季防涝，二是控制伸向行间的根系过量生长，从而利于控制树冠。根据规划确定株行距；台田的高度一般 40 厘米左右；南方雨水多的地区应提高到 50～60 厘米；丘陵梯田，整成中间高、行间低的大垄，高度 30～40 厘米。

5）打破板结层，开沟栽植。建园前要深挖栽植沟，打破板结层，保证过多的水分渗出或流出，避免涝害发生。

8. 结果期大樱桃园如何浇水？

（1）灌水时期 正常年份，一般年灌水 7～9 次，分别在萌芽前、"脱裤"后、果实膨大期（2～4 次）、采收后、8 月中旬、9 月上中旬、土壤封冻前。

（2）灌水方法 ①行间沟渗灌，让水慢慢渗到根系周围。不要让水接触根颈部，以防根颈腐烂病发生，引起死树。②滴灌。在每行树的两边铺设两条滴灌管，根据水压和土壤干湿程度，确定分次分批开关阀门的数量。③带状喷灌。每行树铺设一条带状喷管，选用直径 4 厘米的喷管，管上每排有 5 个出水孔，以保证喷落水均匀。根据水压和喷水高度，确定分次分批开关阀门的数量。

（3）排水 在涝雨季节前修挖排水沟，确保汛期雨水畅通，能及时排出。

9. 结果期大樱桃园如何施肥？

（1）施肥原则 坚持以有机肥为主，配合施用高钾复合肥和硅钙钾镁等土壤调理剂，补充锌、铁、硼等微量元素的原则，推进产业可持续发展，保护生态环境。

（2）基肥

1）施肥种类。针对果园土壤有机质含量低（大多数在 1% 左右）、大樱桃根系需氧量大的特点，建议基肥以牛粪为主，不仅成本低，而且对改善土壤透气性和提高有机质含量效果好。也可用发酵的商品鸡粪。生物有机肥对土壤根癌杆菌有一定的抑制作用，但使用成本高。氮磷钾复合肥、土壤调理剂和中微量元素也应在基肥中使用。注意土壤调理剂不能与化肥直接混合，可分别与有机肥混合后分沟施用。土壤调理剂也可于翌年春季撒施在树盘下。

2）施肥时期。新梢停长后的根系速长期，在烟台一般8月中旬至9月中旬。

3）施肥数量。盛果期园，每年施入牛粪约5 000千克/亩或发酵商品鸡粪1 000千克/亩；按每生产100千克果实施氮磷钾复合肥5～7千克；硅钙镁或硅钙钾镁肥50～75千克/亩；病树、弱树用50倍液的鱼肽素灌根，每株施10～15千克稀释液。

4）施肥方法。幼树，放射状沟施；大树，沿行向在树冠投影内挖沟或穴施施入。为降低用工成本，可地面撒施，用旋耕犁旋耕10～20厘米深。

（3）追肥　①成龄果园追肥时期为大樱桃萌芽前和果实迅速膨大期。萌芽前，补充氮肥，随水喷灌或滴灌施入水溶性硝酸铵钙（总氮≥15.5%，其中硝态氮≥14.5%；水溶性钙≥18%）25千克/亩。硬核后的果实迅速膨大期，随水喷灌或滴灌施入水溶肥（17-8-32）20千克/亩，黄腐酸钾25千克/亩。②幼龄果园萌芽前，放射状沟施磷酸二铵0.5千克/株。

八、大樱桃优质、安全、速丰、高效生产的途径与措施

1. 大樱桃砧木如何压条繁育？

压条繁育是樱桃砧木生产中采用较普遍的一项技术，其优点是容易成活、成苗快、操作方法简便。用于压条的樱桃砧木苗应选择根系完整发达、根茎粗0.6～1.0厘米、有2～3个粗0.4厘米以上根系的壮苗。于早春土壤化冻后栽植，栽前先将砧木苗梢端1/4的部分剪掉，然后将砧苗斜栽于沟内，呈30°角，栽植距离以使两棵砧苗压倒后能头尾相接为宜，栽后浇水。每亩土地栽2 000株左右。

2. 大樱桃砧木硬枝扦插繁育

图9　硬枝扦插繁殖

大樱桃砧木较少采用硬枝扦插繁育（图9），一般于12月采集插条，选择背风向阳的地段挖储藏池进行保存。扦插宜在春季土壤解冻后进行，采用露地扣小拱棚模式，将地整成宽1.2米、长

10米的小畦，畦间距为40厘米。生根剂可选择ABT 1号和IBA（吲哚丁酸），浓度为200毫克/升，扦插前将插条基部2～3厘米浸泡在配制好的生根剂中，浸泡1～2小时。扦插完成后盖上塑料薄膜，及时浇水保湿，2个月可生出新根。

3. 大樱桃砧木绿枝扦插繁育

绿枝扦插是目前大樱桃砧木苗生产中应用较广泛的繁殖方法（图10）。嫩枝扦插应选择5～9月比较适宜，一般在清晨或无风的阴天，采集当年生半木质化的粗壮枝条（若过嫩，湿度较低时，容易萎蔫），在阴凉处剪截成长10～15厘米、有2～4个节间的枝段作插穗。为防止水分蒸发过多，可将每片叶子剪去1/2。插穗剪好后按粗细分级，50～100根捆成1捆，使用1 000毫克/千克NAA速蘸5秒处理。在早晨或傍晚进行扦插，株距5厘米。扦插深度以2～3厘米为宜。

图10　绿枝扦插

扦插后，根据天气及叶片水分情况调节喷水时间，喷水间隔时间以叶面水分蒸发干而叶片不失水、无萎蔫现象发生为宜。为控制病虫害的发生，每隔5天喷50％代森锰锌可湿性粉剂700倍液1次。扦插20天后开始产生愈伤组织，25天后即生根。炼苗15天后，新萌发的新梢叶片转浓绿色时可移栽，一般从扦插到移栽需40～45天。

4. 大樱桃砧木如何组培繁育？

组培苗工厂化生产已作为一种新兴技术和生产手段，在苗木繁育的生产领域得到广泛应用，其中大樱桃砧木吉塞拉6号组培苗生产已成功在生产中应用。组培繁育是取活体植物的组织（如叶片碎片、茎段、茎尖、根段）在无菌条件下培养，使之分化成完整植株幼芽或幼苗，并最终获得成活的完整植株的繁殖方式。组培繁育主要包括无菌外植体的获得、丛生芽的诱导、继代增殖培养、幼苗诱导生根、炼苗驯化和大田移栽等步骤。

5. 大樱桃砧木如何实生播种繁育？

实生播种法繁殖砧木苗的优点是成本低，繁殖数量大，根系发育强旺；缺点是砧木苗生长不整齐，与接穗品种的嫁接亲和性差异较大。目前在生产中小樱桃、马哈利、东北山樱主要采用实生繁殖法。

采集充分成熟的果实，采收后，立即去皮、搓净果核上的果肉，去除漂浮在水面上秕的种子，用清水反复清洗，以防止种子储藏期间发霉，放置阴凉通风处沥干水分。沥干后的种子马上进行沙藏处理，不要干燥储藏，否则会严重降低发芽率。有些地方先把种子阴干，存放于干燥通风处，沙藏前用清水浸泡，然后沙藏处理，一般于小雪节气前后进行沙藏。

第二年春季气温回升后，及时检查沙藏种子的发芽情况，将出芽不整齐或不出芽的种子及时取出，并进行室内催芽处理，催芽处理的温度要保持在15～20℃，当种子胚根露白长到0.5厘米左右时，即可进行田间播种。

播种方式主要包括大田直播和育苗移栽。大田直播通常用畦播或垄播，方法有点播和撒播。播种前提前1～2天将整理好的苗圃地灌透水，播种时最好用多菌灵等杀菌剂打底水，播种后覆土，及时覆盖地膜保墒增温，确保出苗整齐。种苗出土后撤去地膜。直播后的砧木苗，就地生长、嫁接。育苗移栽主要采用畦床播种、容器(穴盘、营养体等)播种，幼苗期移栽大田。播种后适时灌水、除草、追肥、防虫，当年秋季径粗可达 0.5～1.2 厘米；后期适当控制肥水，防止后期旺长，增强越冬抗寒能力。

6. 苗木嫁接和管理的主要环节有哪些?

(1)嫁接时间　烟台地区常采用当年秋季(9月)和翌春(3月)嫁接。早春嫁接，应抓"早"，土壤早晨有点冻、但中午化开时就可开始嫁接。

(2)嫁接方法　多采用"带木质部一刀削"芽接法。

(3)绑缚材料与技术　采用 0.004 毫米地膜包扎，芽眼部位只包一层地膜，以便于春季接芽能自动钻出。

(4)平砧　嫁接后，砧苗开始萌动时"平砧"。平砧时，在接芽背上面或侧上面留 1 个芽眼，将上部砧苗剪去。对留下的芽眼萌生的幼嫩新梢，及时多次摘心，控制其在最小生长范围内，以此幼嫩新梢不死为度。

(5)田间管理　从 6 月下旬开始，每隔 15～20 天，喷 1 次 50%多·锰锌可湿性粉剂 600～800 倍液＋30%桃小灵乳油 1 000～1 500 倍液，防治叶斑病及梨小食心虫，全年喷药 5～6 次。

7. 春栽春接苗木培育的主要环节有哪些?

(1)圃地准备　选择土壤肥沃、排灌良好的壤土或沙壤土作圃地，入冬前，在育苗圃地撒施肥料、深耕、耙平待翌春育苗时用。

(2)起垄、砧苗栽植　采用机械起垄，垄高 20～25 厘米，垄距 75～80 厘米，垄面宽 20 厘米。人工栽植砧木，株距 12～15 厘米，栽植深度 8～10 厘米。要求砧苗嫁接处粗度在 0.8 厘米以上。栽后浇水，扶直砧苗，并将砧苗剪留 40 厘米左右高，待嫁接。

(3)嫁接　砧苗芽眼开始萌动时，浇 1 遍水，土壤稍干后，开始嫁接。选择在冷风库储存的优良新品种接穗，采用"带木质部一刀削"芽接法嫁接，绑缚物料采用 0.004 毫米的地膜，芽眼部位只包一层地膜。

(4)接后管理　嫁接后 2 周，进行平砧，平砧时在接芽斜上对面留 1 个砧木芽眼。嫁接后，对个别在膜内扭曲生长、没有钻出绑缚膜的接芽，应用牙签将绑缚膜挑一个小孔，让接芽自行钻出。

从 6 月中下旬开始防治叶斑病和梨小食心虫，采用 50%多·锰锌可湿性粉剂 600～800 倍液＋30%桃小灵乳油 1 000～1 500 倍液。每隔 15～20 天 1 遍，连喷 3 遍，以后再单喷 2～3 遍 50%多·锰锌可湿性粉剂 600～800 倍液，全年喷药 5～6 次。从 6 月下旬至 8 月下旬，在苗木行间每隔 30 天撒施尿素 10 千克/亩，追施 2～3 次黄腐酸钾，10～15 千克/亩，每次追肥后及时浇水。

为防止刮大风时劈折苗木，于 6 月下旬，在每畦苗木的边缘插一些竹竿（60～70 厘米高），用包装绳将竹竿连在一起，将整畦苗木圈在一起。

8. 当年生苗木培育的主要环节有哪些？

（1）砧木苗栽植 采用小拱棚内栽植砧木苗，砧木苗粗度不小于 0.2 厘米，加强肥水管理，促使砧木苗木粗度在 6 月初达到 0.7 厘米左右。

（2）嫁接 ①时间，烟台地区在 6 月上旬即可嫁接，最晚到 7 月初。②方法，采用"一刀削"嫁接技术，所削芽片长 2～3 厘米，削芽内的木质部应薄一点。③嫁接高度，接芽下留 5～6 片砧叶。④绑缚材料与技术，选用 0.004 厘米厚的地膜，接芽处只绑缚一层地膜，以便接芽能自行钻出。

（3）接后管理

1）平砧：嫁接后 7 天，在接芽上留 3～4 片叶平砧；再过 7 天，留接芽上一片叶平砧。注意：此片叶应留在接芽背上面，若第一片叶位置不合适，可抹除，选留第二片叶。

2）揭绑：嫁接后 20 天揭绑。揭绑时，用小刀片将地膜绑结割开即可，不必将整个地膜揭下。

3）除萌：嫁接前和嫁接后要及时除萌，抹除砧木上萌发的杈，及时抹除接芽上所留 1 片叶的芽眼萌发的新梢，但此片叶不要碰掉。

4）追肥：待接芽萌发后长出 4～5 片叶时，追施尿素（10～15 千克/亩）1 次，以后每浇 1 次水时跟 1 次肥，共追肥 3 次。

5）病虫防治：待接芽长出 4 片叶时，开始喷第一遍农药，采用 80%代森锰锌可湿性粉剂 800 倍液或 50%多·锰锌可湿性粉剂 600～800 倍液。从喷第一次药开始，以后每隔 15 天左右喷 1 次 50%多·锰锌可湿性粉剂 600～800

倍液＋30％桃小灵乳油 1 000 ～ 1 500 倍液，全年喷药 5 ～ 6 次。

遇夏季雨水多的年份，从第一次喷药开始，每隔 7 天喷 1 次杀菌剂（可选用"大生＋农用链霉素"或"多·锰锌＋农用链霉素"），直到嫁接品种长到 20 ～ 30 厘米高时，再按常规喷药时间喷药，确保苗木不早期落叶。

9. 大樱桃容器苗木培育的主要环节有哪些?

采用容器发育的大樱桃苗木具有栽植成活率高，不缓苗且生长快速等优点（图 11），其培育主要技术环节包括:

图 11　营养钵育苗

（1）育苗容器的选择　应选用专用容器、硬塑料盆、软塑盆、不溶性无纺布材质的容器。其中专用容器苗木生长好，但成本高；硬塑料盆、软塑盆大部分能回收利用，成本低，但透气效果不好，应在底部和侧壁增加排水透气孔数量，效果很理想。容器的高度要大于 30 厘米，有足够的空间容纳修剪的根系。

（2）营养土配制　营养土由草炭或泥炭、沙、蛭石、珍珠岩、锯木屑等材料按体积配制。氮、磷、钾等营养元素按适当比例加入。使用 0.05％ ～ 0.1％ 高锰酸钾溶液对营养土消毒。高锰酸钾溶液最好能随用随配。

（3）安装灌溉系统　由于容器较小，保水抗旱性较差，需要安装灌溉系统。

可以采用悬挂喷灌或在每个容器中放置 1 个滴灌管，节水效果较佳。

（4）砧木选择与栽植　砧木为纯正无性系繁育材料，粗度在 0.8 厘米左右，根系完整无根瘤。栽植砧木时，剪掉砧木下部弯曲根，在容器中装入 1/3 营养土后，将砧木苗放入容器中，主根直立，边装土边栽苗边摇匀根土，压实，灌足定根水。

（5）嫁接优良品种　采用带木质芽接法。嫁接前对所有工具用 70% 酒精消毒。嫁接 3 周后，用刀在接芽反面解膜。接芽抽梢后，立支柱扶苗。用塑料带把苗和支柱捆成"∞"字形，随苗生长高度增加而增加捆扎次数。

（6）肥水管理　每周用 0.3%～0.5% 复合肥或尿素淋苗 1 次，追肥可视苗木生长需要而定，夏季灌水 3～5 次/天，土壤含水量维持在 70%～80%，pH 维持在 6.5～7.0。

（7）病虫防治　幼苗期喷 3～4 次杀菌剂防治苗期病害，苗期主要病害有叶斑病、细菌性穿孔病、芽枯病和流胶病等。虫害主要有螨类、鳞翅目类，可针对性用药。

10. 容器苗木有哪些优点?

容器苗木因苗随根际土团（有时和容器一起）栽种，起苗和栽种过程中可使根系少受损伤，成活率高、生长旺盛。营养钵育苗便于实行机械化、自动化操作，工厂化生产。

11. 大樱桃脱毒苗木繁育的主要环节有哪些?

（1）苗圃规划和建设　苗圃应建在地势平坦，排灌方便，肥沃的壤土或沙壤土，土壤酸碱度适中，没有栽植过果树及果树苗木的地方。苗圃应距离普通果园、苗圃 3 000 米以上，或全圃封闭覆盖 100 目防虫网、距普通果园及苗圃 50 米以上。

苗圃应划分为若干小区。规划出实生苗播种区、无性系砧木繁殖区、成苗培养区等。规划设计各级道路、排灌系统，并统筹安排。平整土地，改良土壤，土壤消毒及增施有机肥。

（2）砧木苗培育　无性系砧木繁殖材料，应来自无病毒母本圃。常用繁殖方法：①压条、分株繁殖法。从无病毒母本圃植株上直接进行压条、分株繁殖的砧木自根苗，在苗圃栽植后再埋土压条繁殖无病毒砧木苗。②组织培养法。组织培养方法繁殖砧木苗木，继代次数不超过 7 代。③扦插繁殖法。用绿枝扦插、硬枝扦插等方法繁殖无病毒砧木。

（3）嫁接 接穗应采自无病毒母本圃。采集接穗的枝条生长健壮、芽体饱满、无早期落叶、无病害。接穗采集后应立即在阴凉处剪去叶片。按品种扎成捆，挂牌标记母株编号。接穗存放同普通樱桃接穗。应分品种及不同母株分别嫁接。采用带木质部芽接法嫁接，嫁接位置距地面 10～20 厘米处。

（4）苗圃管理 加强土肥水管理与病虫害防治，保持苗木健壮生长、无早期落叶现象。从 6 月中下旬开始防治叶斑病和梨小食心虫，采用 50% 多·锰锌可湿性粉剂 600～800 倍液＋30% 桃小灵乳油 1 000～1 500 倍液，每隔15～20 天 1 次，连喷 3 次。以后再单喷 2～3 次 50% 多·锰锌可湿性粉剂600～800 倍液。全年喷药 5～6 次。

6 月下旬，在苗木行间用追施"磷酸二铵＋尿素"10 千克/亩，7 月下旬及 8 月中旬在行间撒施尿素 10 千克/亩，每次追肥后浇水。

为防止刮大风劈折苗木，于 6 月下旬，在每畦苗木的边缘插一些竹竿（60～70 厘米高），用包装绳将竹竿连在一起。

（5）无病毒苗木监测 每年在生长季节对无病毒苗木进行 2 次全面观察，发现有病毒症状，立即拔除带毒植株及相邻植株。每年苗木出圃前，应进行 1次病毒检测，1 次病毒抽检，随机取样。

12. 栽植前如何修整土壤、配置灌水设施？

（1）土壤修整 丘陵坡地，整成中间高、行间低的大垄，高 30～40 厘米。平原地区，挖排水沟，整成台田。排水沟上部宽 70 厘米左右，下部宽 50 厘米，沟深 50 厘米。年降水量特别少的干旱地区（新疆、青海），将栽植带整成稍凹一点的形状，有利于存储雨水。

（2）配套灌水设施 樱桃园灌水方式主要有沟灌、滴灌和带状喷灌，可因地制宜选择，忌大水漫灌。有机井的果园，可架设带状喷灌。建有蓄水池的山坡地果园，可利用水势压差，安装滴灌设施。

13. 大樱桃园生草栽培的优、缺点有哪些?

（1）大樱桃园生草栽培的优点（图 12）　①提高土壤有机质含量。种草 5 年后的土壤有机质含量可提高1%左右。②调节土壤温、湿度，提高水分利用率。种草果园春季土壤含水量可增加2%，使果园土壤温度变幅减小。③可以提高营养元素的有效利用率。草对氮、磷、铁、钙、锌、硼等元素有较强的吸收力，这些元素通过草的转化，可由不可吸收态变成可吸收收态。④能增加害虫天敌数量，减少农药投入，降低农药残留。⑤能抑制杂草生长，减少除草用工。

图 12　自然生草

（2）大樱桃园生草栽培缺点　种草后如果控制不好的话,病害（灰霉病等）、虫害（蚜虫、叶蝉等）就可能会发生相对多一些；冬季干草易引发火灾；春季杂草如果不加清理，地温回升就慢一些。干旱时，生草会与果树争水争肥；多雨季节，生草栽培减少了雨水的地表径流，土壤含水量较高，容易引起涝害。

14. 在降水多的地区果园行间能否生草?

土壤黏重或降水多的地区，大樱桃园在夏秋季连续降水后，果园行间生草不利于排水，土壤通气性变差，土壤含氧量下降，造成樱桃根系活性下降，吸水力降低。严重情况下，可导致树体叶片脱落。夏秋季土壤水分过高还容易引起樱桃旺长，不利于花芽分化。因此，在降水多的地区，要进行高台田栽培，夏秋季节需要及时割草，并做好果园排涝工作。

15. 大樱桃的栽培模式有哪些？

综观世界大樱桃栽培，有大冠稀植栽培、小冠密植栽培、乔砧矮化密植栽培、矮砧矮化密植栽培、单行密植栽培、双行（大小行）密植栽培、立架栽培、无支架栽培、垂直定植栽培和倾斜定植栽培等不同栽培模式。

倾斜定植栽培有单行斜向栽培和双行（大小行）斜向栽培。单行斜向栽培有顺行向斜栽和朝行间斜栽。单行朝行间斜栽有整行朝向一个行间和隔株分别朝向不同行间两种栽培方式。

16. 大樱桃采用的主要树形有哪些？

任何树形都有丰产的实例，只是不同树形丰产期来的早晚不同而已。目前国内外樱桃生产及科研中应用的树形主要有：自由纺锤形、细长纺锤形（图13）、高纺锤形、篱壁形（图14）、三主枝定向开心形、西班牙丛枝形、KGB树形、UFO树形、Y字形、Y字扇形（图15）、多中心干形、主干疏层形等。

图13　细长纺锤形

图 14　篱壁形

图 15　Y 字扇形

自由纺锤形、细长纺锤形是目前在国内大樱桃园中应用较多的树形。细长纺锤形较自由纺锤形更容易实现早产丰产。高纺锤形，也称超细纺锤形，主要应用于匈牙利。篱壁形，国内、国外都有。三主枝定向开心形，主要应用于西安。西班牙丛枝形，主要应用于西班牙。KGB 树形，国内称直立丛状形，主要应用于澳大利亚，国内还处在试验阶段。UFO 树形，主要应用于美国华盛顿州，国内多家单位正在试验。Y 字形、Y 字扇形、多中心干形，主要应用于智利。主干疏层形（或小冠疏层形），在国内应用也较多。

17. 如何确定栽植的密度？

栽植的密度需根据所采用的砧木、树形、是否采用小型机械化作业等来确定。乔砧密植园，细长纺锤形整形的，株、行距为 2 米 ×4 米；自由纺锤形整形的为 3 米 ×5 米；高纺锤形整形的，可采用 1 米 ×3 米的株行距；篱壁形整形的，可采用 2 米 ×3 米的株行距。矮砧密植园，可采用（1.5～2）米 ×（3.5～4）米的株行距。旅游采摘园，株行距应加大，尤其便于采摘的两层枝整形的，可采用 4 米 ×6 米的株行距；小型机械化作业的行距增加 1 米左右。

18. 如何选择和配置授粉品种？

自花授粉品种可采用单一品种建园，对于自花不结实品种的樱桃园至少要栽培 3 个品种，大面积平地果园栽培品种要 5 个以上，并且需要选择开花期相近、S 基因型不同的品种，以保证品种间相互授粉。若栽 3 个品种，主栽品种与其他品种的比例为 4 ：3 ：3。

19. 如何选择苗木？

选择樱桃树苗，需要考虑品种的适应性，要做到因地制宜，选择最适宜当地土壤和气候条件的品种；采用高度在 1.5 米以上的 2 年生苗木，苗木根系发达，嫁接口愈合好，苗干无流胶，无根瘤病，无机械损伤。

在老品种、老果园改建及大棚用苗时，为提早见效益，可以使用定干后 2～3 年带分枝、成花的优质大苗。

20. 如何栽植苗木?

1）栽植深度。苗木栽植不要过深，否则根系周围土壤氧气较少，影响根系呼吸，从而影响苗木生长。以大青叶作砧木的，对于嫁接部位较高的苗木，栽植时可采取"深栽浅埋"的方式，预防"小脚"病。

2）栽植时间。春栽时不宜栽植过晚，否则由于新根生长迟于新梢萌发，水分和养分输送脱节，造成苗木萌芽抽梢后，又萎蔫死亡。对于当年生苗木，因枝条不充实，不耐冻，易"抽干"，应春天栽植。

3）台田栽培。平原地区，采取台田栽培的，苗木栽植后，行与行之间修筑一个小垄，进行起垄栽植（图16），也有些地区在垄面上整成畦，称高畦起垄栽植（图17）。浇水时，防止水与苗干接触，以防根颈腐烂病发生。

4）栽植时不施肥。苗木栽植时，栽植穴内不施肥，以防肥料烧根，引起苗木死亡。

图 16　起垄栽植

图 17　高畦起垄栽植

21. 新建园什么时候栽植？如何栽植？

（1）北方地区多采用春季栽植　春季土壤解冻后立即栽植，栽时挖小穴，不施肥，栽植深度比苗木圃内深度略深 3 厘米左右。栽后灌水，扶直苗木，并地面覆盖黑色地膜，提温保墒。

（2）南方地区多采用秋冬栽植　11 月中旬苗木落叶后栽植，在土壤封冻前，于苗木周围培一小土堆，待翌年春季土壤化冻后，再将土堆扒开，覆膜保墒。

22. 新建园当年如何管理以促进快速成形？

对于新建园，苗木栽植后第一年的工作主要是浇水。全年浇水 9～11 次，其中，3 月中旬至 4 月底浇 4 次，5 月、6 月各浇 2～3 次，9～10 月特别干旱时浇 2～3 次，封冻前（12 月上中旬）浇 1 次。为了促进苗木快速生长，在 5～6 月，结合浇水，撒施尿素 3 次，每次 50～100 克／株；冲施黄腐酸钾 2 次，每次 20～30 克／株。应掌握前期快速促进生长，9～10 月适当干旱，保证枝条充实，安全越冬。5～6月对当年生新枝通过捋、扭等农艺措施，控制基层发育枝，同时对延长枝进行固定绑缚，确保中心领导枝又高又壮。

23. 大樱桃密植栽培的好处有哪些？

（1）便于管理 樱桃树体矮小，便于管理，有利于机械化，工作效率较高。

（2）经济效益好 随着优良新品种不断出现，为了提高产量、产值和满足消费者的需要，在短期内需更换产值低、品质差的老品种。采用矮密栽培，成形早（2年成形）、结果早（3年生亩产400～500千克）、丰产早（4～5年生亩产1000千克），品种可以很快更新，缩短投资回报年限。

（3）节省土地 密植集约化栽培，可以节省大量土地。

24. 密植栽培的树形如何选择？

现今生产上的开心形、自然丛状形、自然圆头形、主干疏层形等体积较大的树形，不适合密植栽培。适宜密植的树形都是强中心干、多骨干枝的一些树形，如细长纺锤形、高纺锤形、主干形（圆柱形）、篱壁形、KGB树形、UFO树形等。（1.0～1.5）米×（3.0～3.5）米株行距的，可选择高纺锤形、主干形（圆柱形）。采用2米×4米株行距的，可选择细长纺锤形、高纺锤形、KGB树形或UFO树形。在同等行距的条件下，采用篱壁形、UFO树形，由于树体瘦扁，行间显得宽大，更有利于果园机械化操作。

25. 密植园控冠不理想的原因有哪些？

控冠技术在密植栽培园中是很重要的。生产中，从大冠稀植转为小冠密植，经常由于控冠技术掌握不好，导致行内树冠郁闭、行间树冠交接，给生产管理带来不便。主要原因：一是中心领导干上的骨干枝数量偏少，大多采用自由纺锤形的十几个主枝；二是骨干枝开张角度不够大，有的还不到90°；三是中心领导枝在树形培养过程中每年短截，萌发的1年生粗壮枝条，为了提早成花结果而拉枝甩放；四是树体结果晚，树势强旺，过早落头等。

26. 如何在中心领导干上培养大量的骨干枝来控制树冠？

控制冠径最经济、最有效的措施，是在中心领导干上培养大量的骨干枝。细长纺锤形一般30～40个，高纺锤形一般40～50个。

如何培养大量的骨干枝？如果选择容器苗木，无须定干，在地面70厘米以上至苗木顶端20厘米以下枝段间隔5～7厘米进行刻芽，多刻多发。萌发的枝越多，枝条就越短，冠径就越小。对于栽植常规苗木，于定干后的第二年春季，极重短截（留1～2芽）基部发育枝，选1个强旺的枝条作中心领导干，勿对其短截，直接在其上刻芽，当年能萌发20～30个甚至更多的侧生枝（骨干枝）。为了更有效地促发分枝，可结合刻芽，涂抹抽枝宝、发枝素或普洛马林成分的植物生长调节剂。

27. 如何通过加大骨干枝开张角度来控制树冠？

控制冠径的另一条有效措施，就是加大骨干枝开张角度，让生长势纵向发展，而不是横向发展。细长纺锤形骨干枝开张角度一般为110°～120°（图18）。在过去，生产上的一些自由纺锤形或细长纺锤形果园，在整形过程中，骨干枝一般拉到90°，拉后，前部上翘生长，于是再将拉绳向前移动，再拉枝。久而久之，骨干枝越伸越长，最终必然导致树冠交接。绳拉开角（图19），不仅费工费力，需要大量的物料，而且对果园除草等日常管理带来不便。2000年左右，牙签开角代替绳拉开角。牙签开角虽然省工省力，但牙签开角最大只能开张至90°，这是牙签开角的弊端。新的开角方式是"按压开角"，对中心领导干上萌发的新梢，于新梢生长至70～80厘米长时或在树体萌芽后2个月，一手握住新梢基部（防止劈折），一手按压新梢中部2次，使其呈下垂状态（图20）。此法开角，速度快，省工省料，又方便地面日常管理。

图 18　张开角度

图 19　拉枝开角

图20　按压开角

28. 如何处理粗长的大条控制树冠？

  大樱桃1年生枝甩放，容易形成一串叶丛花枝，翌年结果，这是针对中庸、细弱的枝条而言。但是，在实际生产中，许多果农在幼树整形培养过程中，对中心领导枝每年进行短截。短截后，为了提早成花结果，对剪口下萌发的1年生粗壮枝条采取拉枝甩放。实践证明，这些又粗又长的大条甩放后，虽然也能形成一串叶丛枝，但绝大部分都是单芽枝，而不是叶丛花枝。要想使其成花，还需再甩放1年。但再甩放1年后，枝增粗太快，枝展过长，扰乱树形，较难控冠。因此，生产中应将又粗又长的1年生粗枝极重短截，让1个枝萌发出2～3个细枝，然后再甩放。这样做不仅有利于控冠，而且容易成花。该技术用于美早、红灯等生长势强旺的品种更适合。

29. 怎样通过树干目伤与地下断根控制树冠？

生产上一些农户应用植物生长抑制剂控制树势，如采取树上喷施或树下土施多效唑，向树上喷施PBO，在树干上涂抹"促花三抗宝"（环状涂抹20～40厘米）。一旦使用过量，会造成树体不抽生中等以上的新梢，树势弱，成花多、坐果多；果个小，销售难；根系萎缩，几年后树体易衰老死亡的后果，所以不建议采用。为了食品安全，主张采用农艺措施来控制树势和冠径。可在朝向行间的树干上进行目伤（用手锯锯口，类似于枣树开甲），以及行间进行断根的方式控制树体。在匈牙利，以马哈利作砧木的密植栽培园，采取树干目伤（图21）和行间应用断根机进行地下断根的方式控制树体，效果不错。国内没有断根机，采取行间开沟施肥的方式，同样可达到断根的目的。

图21 目伤

30. 幼树期如何通过控制肥水控制树冠？

生产中看到，一些果农坚持"为了树体快速生长，幼树期要勤施肥、勤浇水、少施、多次"的管理原则，在苗木定植后的前3年，肥水施入太猛，导致树体生长强旺，枝条又粗又长，拉枝开角后，树体还未结果，行间枝条已经交接。

这种现象在山东潍坊的临朐、聊城的临清等地的一些果园很容易见到。这些地区本来就土层深厚、土壤肥沃，再加上施肥浇水过频，必然导致树体旺长，成花难，结果晚，树冠难控制。实践证明，苗木栽植当年，要多浇水，不宜过多施化肥，保持苗木成活及健壮生长，有利于早成花、早结果、易控冠；另外，适当的干旱（控水）、多施钾肥和铁肥，有利于樱桃枝条充实和花芽形成。我国南方，如浙江的德清、杭州等地，雨水多、气温高，大樱桃幼树枝条年生长量有的可达 1.5 米以上，在这些地区搭建避雨设施和遮阳网是非常必要的。

31. 如何通过提早结果、落头开心控制树冠？

（1）提早结果　过去的稀植栽培，必然是先扩大树冠，后缓和树势，再成花结果。现今的密植栽培，不是先长树后结果，而是边长树边结果，提早结果，以果控冠。3～4 年生树亩产 500 千克，5 年生树亩产 1 000 千克。幼树只有提早结果，才能缓和树势，容易控制树冠。

（2）落头开心　落头开心是控制树高的主要手段。落头的时期非常重要，早了，树上部冒条；晚了，前期树体过高，影响光照。落头的最佳时期为计划落头下方的枝条已形成花芽（叶丛花枝），并在早春铃铛花期落头（图22）。落头后，将顶部的成花骨干枝拉至下垂状态，开花结果，以果控冠。

图22　铃铛花期落头

32. 大樱桃自由纺锤形整形修剪技术要点有哪些?

(1)定植当年幼树管理　第一年早春,苗木定植后,留80厘米定干,剪口处距顶芽1厘米左右,定干后将剪口下第二至第四芽抹除,留第五芽,抹除第六芽、第七芽,留第八芽。芽萌动时,对第八芽以下的芽进行隔三岔五刻芽,然后涂抹抽枝宝或发枝素,促发长条;对距地面40厘米以内的芽不进行任何处理。

(2)第二年幼树管理　第二年早春,中心干延长枝留60厘米左右短截,中上部抹芽(同第一年),对其中下部芽,在芽萌动时,每间隔7～8厘米进行刻芽,以促发着生部位较理想的长枝;基层发育枝留2～4芽极重短截,促发分枝,增加枝量,减少枝粗。5月下旬至6月上旬,对中央领导干剪口下萌发的个别强旺新梢,除第一新梢外,留15厘米左右短截,促发分枝,分散长势。9月下旬至10月上旬,除中心领导新梢外,其余新梢通过牵拉拉至水平或微下垂状态。

(3)第三年幼树管理　第三年早春,对中心领导枝继续留60厘米左右短截,抹芽、刻芽的时间与方式同第一年。对中心领导干上缺枝的地方,看是否有叶丛短枝,有的话,在叶丛短枝上方,于芽萌动时,进行刻芽,促发长枝,培育骨干枝。对个别角度较小的骨干枝,拉枝开张角度。对于美早、红灯等生长势强旺品种的骨干枝背上芽,在芽萌动时,芽后刻芽(目伤),促其形成叶丛状花枝。萌芽1个月后,对骨干枝背上萌发的新梢进行扭梢控制,或留5～7片大叶摘心,促其形成腋花芽;对骨干枝延长头周围的"三叉头"或"五叉头"新梢,选留1个新梢,其余摘心控制或者疏除,使骨干枝单轴延伸。

(4)第四年幼树管理　第四年早春,对树高达不到要求的,对中心领导枝继续短截、抹芽、刻芽,其余枝拉平,促其成花。树高达到要求的,将顶部发育枝拉平或微下垂。

(5)第四年以后幼树管理　树体成形后,骨干枝背上、两侧萌发的新梢,通过摘心、扭梢、捋枝等方式,培养结果枝组,防止骨干枝上早期结果的叶丛短枝在结果多年后后部光秃现象的出现,从而防止结果部位外移。生长季节及时疏除树体顶部骨干枝背上萌发的直立新梢,防止上强下弱。

33. 大樱桃春栽定干苗木细长纺锤形整形修剪技术要点有哪些？（图23）

（1）第一年管理要点 培养健壮强旺的中心领导枝。选择优质苗木建园，早春苗木栽植后留1.1～1.2米定干，当侧生新梢长到40厘米左右时，扭梢至下垂状态，控制其伸长生长，促使中心领导梢快速生长。

（2）第二年管理要点 促使中心领导枝萌发更多下垂状态的侧生枝。树体萌芽前，中心领导枝轻剪头，其他侧生枝留1芽极重短截，对中心干上进行"刻芽＋涂抹发枝素"促发分枝。萌芽1个月后，控制竞争梢，对中心领导梢附近的竞争梢，留2～5芽短截。萌芽2个月后，当中心领导干上的侧生新梢长至80厘米左右时，捋梢或按压新梢，使之呈下垂状态。萌芽3个月后（烟台，7月上旬），对侧生新梢的上翘生长部分进行拧梢，使新梢上翘部分呈下垂状态，控制冠径，保持枝条充实，拧梢大约1周后叶片即可翻转。

（3）第三年管理要点 侧生枝促花芽，中心领导枝继续抽生侧生枝。对上一年中心领导干上萌发的侧生枝甩放，促其形成大量的叶丛花枝；对个别角度较小的侧生枝，拉枝开张角度，使其呈下垂状态。

图23 细长纺锤形树体结构

（4）**第四年管理要点**　控树高，控背上新梢，控侧生新梢。早春，在树体上部有分枝处落头，保持树高 2.8 米左右；对侧生枝（骨干枝）背上萌发的新梢及延长头上的侧生新梢，根据空间大小，或及早疏除，或及早扭梢，或留 5 ～ 7 片大叶摘心控制，保持骨干枝前部单轴延伸。

（5）**第四年以后管理要点**　树体成形后，生长季节及时疏除树体顶部骨干枝背上萌发的直立新梢，防止上强。

34. 大樱桃秋栽不定干苗木细长纺锤形整形修剪技术要点有哪些？

（1）**第一年管理要点**　促分枝，控竞争，快速成形。早春，芽体萌动时，对地面上 70 厘米至离苗木顶端 30 厘米的芽，间隔 5 ～ 7 厘米进行"小钢锯刻芽＋涂抹"处理，药剂可选用进口普洛马林或国产抽枝宝、6-BA。萌芽 1 个月后，对中心领导梢附近的竞争梢，留 2 ～ 5 芽短截，控制竞争梢。当中心领导干上的侧生新梢长到 70 厘米左右时，捋枝至下垂状态，控制其伸长生长，促使中心领导梢快速生长。

（2）**第二年管理要点**　调角度，促花芽，继续促分枝。早春，对上一年中心领导干上萌发的角度不合适的侧生枝，通过绳拉的方式调至 120°左右，所有侧生枝甩放。对中心领导干上侧生枝萌发少的部位的短枝，用"手锯刻芽＋涂抹药剂"处理。对中心领导干的延长枝，间隔 5 ～ 7 厘米进行"刻芽＋涂抹药剂"，促发侧生枝。

（3）**第二年以后管理要点**　以后的整形修剪技术同定干苗木细长纺锤形整形技术。

35. 大樱桃秋栽芽苗木细长纺锤形整形修剪技术要点有哪些？

（1）**第一年管理要点**　培育高大的苗干。苗木秋栽后的翌春，土壤化冻时覆盖黑地膜，加强肥水，促进树体快速生长，确保芽苗当年生长高度达到 2 米。

（2）**第二年管理要点**　苗干促分枝，快速成形。早春，芽体萌动发绿时，对距离地面 70 厘米以上苗干，每隔 5 ～ 7 厘米进行刻芽，并涂抹抽枝宝，促发侧生枝。地面上 70 厘米以下芽眼不作处理。萌芽 1 个月后，对树体上部的竞争梢留 5 片叶摘心控制。萌芽 2 个月后，对中心领导干上萌发的侧生枝进行拇枝，使新梢呈下垂 110°～120°。

（3）第三年及以后管理要点　侧生枝促花芽。早春芽萌动时，对于侧生枝上的背上芽，在芽后用小钢锯刻芽；对生长势强旺的品种，侧生枝两侧芽刻芽，促其形成叶丛状花枝。夏季，对侧生枝上萌发的新梢摘心，促花芽。

36. 保障大樱桃授粉的方法有哪些?

（1）合理配置品种　除自花授粉品种可以单一栽培外，至少要栽培 3 个品种，以保证品种间相互授粉。大面积果园栽培品种要 5 个以上，而且成熟期要错开，以防采收时用工紧张。若栽 3 个品种，主栽品种与其他品种的比例为 4：3：3。

授粉品种除开花物候期与主栽品种相近外，其品种的 S 基因型也要不同，如美早、红灯、岱红这 3 个品种不能互作授粉树。各品种的 S 基因型、开花物候期（见表 10、表 11）。

表 10　主要大樱桃品种的 S 基因型

S- 基因型	品种名
S_1S_2	萨米脱、巨晚红、巨早红、砂蜜豆
S_1S_3	先锋、斯帕克里、雷吉娜、福星
S_1S_4	甜心、黑珍珠、桑提娜、雷尼、拉宾斯、早生凡
S_1S_6	红清
S_1S_9	早大果、奇好、友谊、福晨、布鲁克斯
S_3S_4	宾库、那翁、兰伯特、斯坦勒、艳阳、斯塔克艳红
S_3S_6	黄玉、南阳、佐藤锦、红蜜
S_3S_9	红灯、意大利早红、秦林、美早、早红宝石、红艳、岱红、吉美
S_4S_6	佳红
S_4S_9	龙冠、巨红、早红珠
S_6S_9	晚红珠

注：各国及国内各地检测结果可能有差异，仅供参考。

表 11　主要大樱桃品种的开花物候期（烟台农业科学院 2011 年）

品种	始花期	盛花期	末花期
美早	4 月 14 日 ~ 15 日	4 月 17 日 ~ 19 日	4 月 24 日 ~ 25 日
甜心	4 月 14 日 ~ 15 日	4 月 17 日 ~ 19 日	4 月 23 日 ~ 24 日
早生凡	4 月 16 日 ~ 17 日	4 月 18 日 ~ 19 日	4 月 25 日 ~ 26 日
红清	4 月 16 日 ~ 17 日	4 月 18 日 ~ 19 日	4 月 22 日 ~ 23 日
巨晚红	4 月 17 日 ~ 18 日	4 月 19 日 ~ 20 日	4 月 21 日 ~ 22 日
福晨	4 月 17 日 ~ 18 日	4 月 19 日 ~ 20 日	4 月 22 日 ~ 23 日
瓦列里	4 月 17 日 ~ 18 日	4 月 19 日 ~ 20 日	4 月 23 日 ~ 24 日
福星	4 月 18 日 ~ 19 日	4 月 21 日 ~ 23 日	4 月 26 日 ~ 27 日
斯帕克里	4 月 18 日 ~ 19 日	4 月 20 日 ~ 21 日	4 月 25 日 ~ 26 日
桑提娜	4 月 18 日 ~ 19 日	4 月 20 日 ~ 21 日	4 月 24 日 ~ 25 日
布鲁克斯	4 月 18 日 ~ 19 日	4 月 20 日 ~ 21 日	4 月 23 日 ~ 24 日
红灯	4 月 19 日 ~ 20 日	4 月 21 日 ~ 22 日	4 月 28 日 ~ 29 日
雷吉娜	4 月 19 日 ~ 20 日	4 月 21 日 ~ 22 日	4 月 28 日 ~ 29 日
砂蜜豆	4 月 19 日 ~ 20 日	4 月 21 日 ~ 22 日	4 月 25 日 ~ 26 日
艳阳	4 月 19 日 ~ 20 日	4 月 21 日 ~ 23 日	4 月 27 日 ~ 28 日
萨米脱	4 月 20 日 ~ 21 日	4 月 22 日 ~ 24 日	4 月 27 日 ~ 28 日
黑珍珠	4 月 21 日 ~ 22 日	4 月 24 日 ~ 25 日	4 月 28 日 ~ 29 日

（2）辅助授粉　开花前 3 天，果园释放壁蜂 300 ~ 500 头 / 亩，或初花期释放蜜蜂每亩 2 箱。生产上，大棚樱桃放蜜蜂比放壁蜂的效果好；也有在大棚里采用雄蜂授粉的方式。

37. 植物生长调节剂对调控大樱桃果实发育的作用有哪些？

在大樱桃生产中应用的植物生长调节剂主要有生长素类、赤霉素类、细胞分裂素类。在保障果品安全的前提下，在良好土肥水管理和病虫害防控的基础上，允许合理有限地使用对改善树体结构、改善果实品质有促进作用的植物生长调节剂，但不可过度依赖。禁止使用对环境造成污染和对人体有害的植物生长调节剂。

（1）提高坐果，促进果实生长　国外研究证明，大樱桃谢花后喷赤霉素可显著提高坐果率。国内研究发现，红灯花期喷 20 毫克 / 千克的 6-KT（6- 糖氨基嘌呤）和 30 毫克 / 千克的赤霉素，坐果率高达 56.9％，比单独施用赤霉素提高 6.8％，比自然坐果率提高 21.2％。赤霉素水溶液需现用现配，且浓度不宜过高，浓度过高不利于花芽分化。在果实成熟前 20 天左右，喷 10 毫克 / 升的赤霉素可显著增加果实质量。

（2）增加果实糖度，改善果实颜色　在大樱桃果实发育第二次速长期，喷施 5 ～ 10 毫克 / 升的赤霉素，可使果实可溶性固形物含量提高 10％左右，但高浓度的赤霉素效果则不明显；明显改善果实着色，且果实储藏 10 天后，果面无凹形木栓化点，外观品质明显改善。

（3）提高果实硬度，增强耐储运性　果实开始着色时，喷 20 毫克 / 升的赤霉素，可提高果实硬度；喷 20 毫克 / 升的赤霉素和 3.8％氯化钙溶液，也可显著提高果实硬度，增加耐储运能力，延长货架期。

（4）调节果实成熟期　果实成熟前 15 天左右，喷 400 毫克 / 升乙烯利，可使果实集中成熟。花后 20 天左右，喷 10 毫克 / 升的赤霉素可延迟果实成熟。

38. 如何增加树体储藏营养，培养优质叶丛花枝？

优质叶丛花枝是指含有 5 片大叶以上的叶丛枝，加上基部 2 片小叶，共 7 片叶以上的叶丛枝，除顶芽为叶芽外，每片大叶的叶腋间都是花芽。生产中观察，优质花枝，结果多，且果个大；弱花枝，结果少，果个也小。

生产中，为保障坐果、果实单果质量及果实品质，多采用叶面追肥的方式补充营养供给，绝大多数在花期前后和果实发育期进行。生产中，可把叶面追肥的时间提前至上一年落叶前进行，为花芽的发育提供营养，进入休眠前形成饱满的花芽。主要是增加树体氮素营养和光合产物积累，为翌年的萌芽、开花、坐果、抽新梢提供充足的营养。果实采收后，喷 4～5 次杀菌剂，预防叶斑病，防止提早落叶。

10 月中旬，叶面喷施生物氨基酸 300 倍液 2 次，间隔 10 天；10 月下旬至 11 月上旬，喷 1%～2% 尿素＋20～30 毫克/千克赤霉素，延迟叶片衰老，增强叶功能时间，提高树体的储藏营养，培育饱满的花芽。

39. 如何调控树体的负载量？

（1）以水调果量　露地栽培，优质果品生产应控制产量在 1 000～1 250 千克/亩，不宜超过 1 500 千克/亩。谢花后浇水早晚，影响树体坐果。试验证明，谢花后第一天浇水，可保住谢花时树体原果量的 80% 左右，浇水每延迟 1 天，坐果量下降 10%～15%。因此，生产中应根据目标产量，选择花后浇水时间来调整树体坐果量。

（2）强壮树势　大多情况下，弱树坐果多，旺树坐果少。通过增施氮肥、硅肥、黄腐酸钾等其他农艺措施培养健壮的树体。

（3）疏花枝　早春修剪时，疏除过多的花以及弱的叶丛花枝，保留优质叶丛枝，并使花枝分布稀疏，有利于集中营养供给。

大樱桃花量大，花多，果多，传统疏花疏果技术费时费力，且果实发育期短。大面积种植时，传统疏花疏果技术可行程度不高。烟台农业科学院开展了基于细长纺锤形疏花技术研究，结果表明，剪除结果主枝外围 1/3 长度时，结果数、单果重和单枝产量均最高（见表 12）。

表 12　疏花量对果实品质和产量的影响

品种	处理	结果数（个）	单果重（克）	单枝产量（克）
9-19	剪除 1/2	24	7.66	183.8
	剪除 1/3	69	8.17	563.6
	对照	45	7.50	337.4
福星	剪除 1/2	28	11.24	314.8

品种	处理	结果数（个）	单果重（克）	单枝产量（克）
福星	剪除 1/3	63	12.88	811.1
	对照	42	10.97	460.7

（4）疏晚茬果　大多数大樱桃品种开花时期不一致，花期一般在 7 天左右，在不受晚霜危害的情况下，早茬果，开花早，坐果早，果实发育好；晚茬果，对营养的竞争力弱，易引起黄化落果。疏晚茬果可以减少营养消耗，促进早期果实的发育。烟台农业科学院研究发现，福晨疏晚茬果后，单果重和可溶性固形物含量分别提高了 0.88 克和 0.49%。

40. 增大果个有哪些方法？

（1）保持强旺树势　智利等国家桑提娜等品种外围新梢长度在 50 厘米以上，果个大、品质好。烟台农业科学院试验园中红灯、福金外围新梢长度在 40 厘米以上，果实横径达 3 厘米以上，单果重在 12 克左右。要生产大果优质樱桃，树体外围新梢长度需达 40 ～ 60 厘米。

（2）CNK 协同膨果　在樱桃硬核后的果实迅速膨大期，结合浇水，每亩撒 30 千克施碳酸氢铵和 10 千克硝酸钾，连施 2 次，不仅果个大，而且色艳、光亮。

（3）培育优质叶丛花枝　优质花枝结果多，果个大；弱花枝结果少，果个小。

保持树势中庸，树姿开张；通过挦枝、拧枝、拉枝等方式，培养芽眼饱满、枝条充实、缓势生长的发育枝，为翌年萌发优质叶丛花枝打好基础。

果实采收后和 8 月中旬（烟台），及时疏除遮光的发育枝、密挤的大枝、三叉头或五叉头枝等，确保叶丛花枝的光照，培育储藏营养充足的优质叶丛枝。

41. 提高果实品质的主要措施有哪些？

（1）喷叶面肥　谢花后，喷 800 倍液腐殖酸类含钛等多种微量元素的叶面肥，每 7 天 1 次，连喷 3 次。不仅能提高坐果率，促进果色鲜艳、亮泽，而且能提高果实可溶性固形物含量。

（2）**以水降温**　在果实发育期，于傍晚，通过带状喷灌，喷洒地下井水来降低果园温度，减少果实夜间呼吸所需要的养分消耗，增加光合产物积累，提高果实可溶性固形物含量。

（3）**铺反光膜**　在果实着色期，在树的两边各铺设一条反光膜，可促进果实上色，尤其是黄色品种。雷尼铺设反光膜后，果面大部分为红色，果实甜度增加。

（4）**适期采收**　果实成熟前1周是樱桃膨大果个、增加甜度的一个最明显的时期，过早、过晚采收都会影响果个和品质。

（5）**预防裂果**

1）稳定土壤水分状况。在樱桃果实硬核期至第二次速长期，保持10～30厘米土壤的含水量在12%左右，防止土壤忽干忽湿。干旱时要勤浇水，但浇水量不能太大，严禁大水漫灌，尤其禁止干旱时灌大水。

2）采收前喷钙盐。采果前每周喷1次0.3%氯化钙液，共喷3次，能增加果实中的可溶性固形物含量，降低裂果率。在拉宾斯和宾库的花后1周后开始喷钙盐，每周1次，能显著提高果实的可溶性固形物和可溶性糖含量，且极显著提高果实硬度。

3）避雨栽培。搭建避雨防霜设施是解决大樱桃裂果的最有效方法。有条件的果农可根据园片立地条件、材料获得的难易、建棚成本等因素，选择不同的棚型模式。

42. 美早何时采收品质最佳？

过早采收是目前樱桃生产中的通病。果农为提早上市，习惯早采，结果导致果个小、口味差、偏酸，达不到品种固有的大小和风味，影响品种和产地的声誉。美早采收过早，口味淡；采收过晚，果个虽然较大，但风味变淡，质地变软，甜度降低，失去固有的又脆又甜的风味。

李芳东等研究表明，6月5日和6月8日采收，单果重和可溶性固形物含量低，果实硬度较高，尚不能达到品种固有的风味。6月14日采收，单果重最大，可溶性固形物含量高达20%以上，但是果实偏软，不适宜远距离储运和保鲜。6月11日采收，单果重和可溶性固形物含量基本达到品种固有的风味，果实硬度适中(烟台福山)。因此，6 月 11 日左右是美早在福山区(小气候地方除外)的适宜采收期，此时果实的外观特征：紫红色，两侧果肩向上隆起，缝合线部位凸起明显并且没有完全凸起。如果近距离销售，在没有降水的情况下，可适当延迟 1 ~ 3 天采收。

43. 如何预防畸形果？

(1)选择适宜的品种　不同的大樱桃品种畸形果发生的程度不同，生产中，红灯、早大果、龙冠等品种的畸形果率较高。不同地区不同品种畸形果的发生率也存在差异，选择栽培品种时应根据当地的气候条件进行选择。对烟台地区调查发现，萨米脱、黑珍珠、拉宾斯、斯帕克里等畸形果发生率较低。

(2)调节花芽分化敏感期的温度　在花芽分化的温度敏感期(烟台地区 7 月底 8 月初)，若遇到极度高温，进行短期遮阳等措施以降低温度和太阳辐射强度，可以有效减少双雌蕊或多雌蕊花芽的发生，从而降低翌年畸形果的发生。另外，有喷灌设施的园片，可以通过喷水来降低高温时期果园区域的温度。

(3)设施栽培　利用设施栽培，改变大樱桃的花芽分化时期，避开夏季高温，从而降低畸形果的发生。

(4)及时摘除畸形花、畸形果　产生畸形果的花柱在花期也表现为畸形，雌蕊柱头常出现双柱头或多柱头。因此在大樱桃花期、幼果期发现畸形花、畸形果，应及时摘除，以节约树体营养，减少畸形果的发生。

44. 美早优质丰产园具体肥水管理措施是怎样的？

在对烟台市 3 个优质丰产美早大樱桃园施肥情况、果实品质、经济收入等调查的基础上，综合提出了美早大樱桃优质丰产(1 000 ~ 1 500 千克／亩)纯养分投入量(见表13)。为了便于果农操作，以烟台市福山区东厅街道办事处飞宇庄园家庭农场为例(2016 年美早 1 452 千克／亩，单果重 11.96 克，可溶性固形物含量 19.26%)，将其肥水一体化灌溉施肥方案总结如下(见表14)，供参考。

表13 亩产 1 000 ~ 1 500 千克美早樱桃园施肥方案（单位：千克/亩）

物候期或月份	灌溉加入纯养分的量		
	氮（N）	磷（P₂O₅）	钾（K₂O）
萌芽前	4.0	1.2	1.5
"脱裤"后	0	0	0
膨果期	3.5	1.6	9.0
采收后	0	0	0
8月中旬	有机肥 1 000 + 硅钙钾镁 50		
9月上中旬	6.5	6.5	6.5
封冻前	0	0	0
合计（不包含有机肥和硅钙钾镁的养分）	14	9.3	17.0

表14 东厅街道飞宇庄园盛果期美早大樱桃园灌溉施肥方案

物候期或月份	灌溉次数	灌水量[米³/（亩·次）]	肥料类型及施用量	灌溉方式
萌芽前	1	10	冲施水溶性硝酸铵钙[总氮 ≥ 15.5%，其中硝态氮 ≥ 14.5%；水溶性钙 ≥ 18%（氧化钙 ≥ 25%）]，芬兰生产，20 ~ 40 千克/亩。	带状喷灌，每行2条
"脱裤"后	1	10	叶面喷施益生氨基酸钙 600 倍液，每 7 ~ 8 天喷施 1 次，连续喷 3 ~ 4 次。	
膨果期	3	10	冲施贝纳尔水溶肥（17-8-32 + TE），以色列生产，20千克/亩；益生黄腐酸钾，25 千克/亩。	
采收后	1	10	0	
8月中旬	1	10	益生发酵鸡粪 1 000 千克/亩，硅钙钾镁 70 千克/亩	
9月上中旬	1	5	冲施芭田新时代复肥，1 千克/株。	
封冻前	1	20	0	

45. 老果园重茬改建应注意哪些问题？

果树重茬是一个很敏感的问题，长期种植单一果树，容易造成土壤养分失衡，若土壤有机肥投入不足和大量施用化肥，会造成土壤微生物结构失衡，有害微生物数量增加。在生产中发现，如果果园有死树，不换土、不消毒，重新栽植小苗，在不影响光照的情况下，可正常生长结果。

大樱桃幼树长势旺，在老果园改建时，无须土壤消毒，只要施入生物有机肥，土壤深翻，直接定植苗木，也能生长良好，前提是土壤透气性和灌溉条件要好，多次浇水是必要的。

46. 大樱桃老、劣品种树体如何改造？

大樱桃老、劣品种更新的方法有新栽和高接换优两种。对于残缺不全、无经济价值的老果园，最好的方法就是清除后重新建园。

对于树龄较小和盛果期的果园，应采用高接换优的方法进行品种改良。大樱桃树愈合能力不如苹果，最好采用带木质部芽接的方法，不宜采用苹果高接换头的方法——插皮接、劈接等，否则容易引起流胶、劈裂。在果实采收后，在有芽眼或芽眼多的位置上方重剪，促发枝条，于当年秋季在新梢基部进行木质部芽接，称为"多头高接"。使用这种方法，品种更新快，对生长好的枝条在第二年6～7月即可开张角度、缓和生长势，促进成花，如果嫁接成活率低或枝条生长弱，可在第三年春进行短截，促发分枝或增强长势。该方法，在北京地区的一些老品种园的品种更新中取得了很好的效果。

高接换优可在秋季或春季进行。①秋季芽接一般在8月下旬至9月上旬进行，不宜过早，过早容易使接芽萌发，越冬时容易冻死；过晚则愈合程度差，也不利于越冬。②春季芽接一般在3月下旬至4月上旬进行，在接穗保存良好的情况下，在树液流动后嫁接，成活率高；嫁接过早，温度低，愈合慢，芽容易枯死。

47. 霜冻的类型及危害机制是怎样的？

（1）霜冻的类型 根据形成的原因分为平流霜冻、辐射霜冻和平流辐射霜冻3种类型。

1）平流霜冻。由北方冷空气向南侵袭降温引起的霜冻，常出现在早春或晚秋，所到之处温度迅速降低，对大樱桃造成损害。平流霜冻的强弱及范围受地理条件的影响较小，但与冷空气的强弱和影响范围密切相关。一般来说，平流霜冻范围较大，持续时间较长，危害也较严重。

2）辐射霜冻。指因夜间地面辐射放热，使地面和植物表面的温度下降到0℃以下而形成的霜冻。也多在早春或晚秋出现，通常发生在辐射很强的晴朗无风的夜晚。出现辐射霜冻时，地表温度低于近地层空气温度。

3）平流辐射霜冻。又称混合霜冻，指北方冷空气入侵和夜间辐射冷却共同作用下形成的霜冻。通常是先有冷空气侵入气温明显下降，到夜间天气转晴，地面有效辐射加强，地面温度进一步下降而发生霜冻。我国春秋季出现的霜冻多属这种类型。

（2）霜冻的危害机制　植物遭受霜冻危害的主要原因是低温冻结导致的细胞脱水，代谢过程被破坏，原生质结构受损伤以及细胞内冰块机械损伤。生物膜是植物细胞及细胞器与周围环境间的一个界面结构，低温胁迫直接损害膜结构，造成膜透性增大，细胞外渗物质增加，严重时导致植物死亡。一般霜冻后常常会出现急剧增温，使细胞间冰晶迅速融化或蒸发，植株又会因失水而萎蔫。晚霜冻害对大樱桃的危害主要表现为冻芽、冻花、冻果。

1）冻芽。萌芽时花芽受冻较轻时，柱头枯黑或雌蕊变褐；稍重时，花器死亡，但仍能抽生新叶；严重时，整个花芽冻死。

图24　花期冻害

2）冻花（图24）。蕾期或花期受冻较轻时，雌蕊和花柱冻伤甚至冻死；稍重时，雄蕊冻死；严重时，花蕊干枯脱落。

3）冻果（图25）。坐果期发生冻害，较轻时，果实生长缓慢，果个小或畸形；严重时，果实变褐，很快脱落。

48. 如何预防霜冻危害的发生？

（1）建园位置　最好选择背风向阳（或半阴坡）、地势高、靠近大的水源、黏壤土或沙质黏壤土、肥水条件较好的地区建园，避开山谷、盆地和低洼地，这些地区霜冻往往较重。

（2）选择抗冻品种　大樱桃花期受冻的临界温度为 -2℃，在 -2.2℃温度下半小时，花的受冻率 10%；温度降至 -3.9℃，冻害率达 90%；在 -4℃的温度下半小时，几乎 100% 的花受冻。大樱桃花期受冻的临界温度因开花物候期而异，一般是随着物候期的推移，耐低温能力逐渐减弱；大樱桃在花蕾期的耐低温能力强于开花期和幼果期。因此，最好选择福晨、黑珍珠、甜心、拉宾斯、佐藤锦、艳阳、雷吉娜等抗寒力较强的品种。

（3）延迟萌芽开花期　萌芽开花期越早，遭受晚霜冻害的可能性就越大，损失也大。因此，要尽量选择在霜冻高发期过后萌芽开花的品种，如拉宾斯、萨米脱、斯太拉、甜心等。此外，还可以通过树干涂白、早春浇水等措施延迟萌芽期和花期。树干涂白可有效地减少树体对太阳辐射的吸收，降低树体温度，树干涂白或萌芽前枝干喷 50 倍的石灰乳，可推迟萌芽、开花 3～5 天。发芽前果园灌水，萌芽后开花前再灌 1～2 次水，霜前灌水并喷 0.5% 蔗糖水，可延迟花期 2～3 天。在萌芽前全树喷布萘乙酸甲盐（250～500 毫克／千克）溶液或 0.1%～0.2% 青鲜素液可抑制芽的萌动，有效推迟花期 3～5 天。

（4）培育健壮树体，增强树体抗寒力　维持健壮树势是做好晚霜冻害预防的基础。树势弱、花量大的树体，受害特别重；树势健壮、花量适中的树体受害轻。因此，必须通过合理负载、合理施肥浇水、科学修剪、综合病虫害防治等措施，增强树势和树体的营养水平，提高抗寒力。对花量大、树势弱的果园要及时疏花、疏果、加强肥水管理，增强树势。另外，丛枝形树体受冻害严重，纺锤形受害较轻，因此，在晚霜冻害发生较多的地区应采用纺锤形树形。

（5）改善果园小气候

1）加热法。国外主要采用果园铺设加热管道，利用天然气加热，或利用煤油等加热的方法，提高果园温度，防御低温。我国山西省绛县在大樱桃花期低温预防上实现了新突破，在 -6.0℃ 以下低温仍可获得较高的经济效益，具体做法如下：在樱桃园西北面用彩条布和玉米秸秆建起风障，在每株樱桃树下放置一个蜂窝煤的炉胆，采用"便携式智能数控防霜报警仪"监测果园温度的变化，当气温下降至2℃时，防霜冻警报响起，果农用煤油喷灯点燃炉膛下层的玉米芯，玉米芯上加块蜂窝煤，一个人1小时可点燃2亩樱桃园的蜂窝煤炉。在发生冻害的晚上一个煤炉用4块蜂窝煤，每块蜂窝煤0.25～0.30元，按2个晚上计算，两个晚上的燃油和煤共需2.2～2.6元，只相当0.1～0.2千克樱桃的费用；两个蜂窝煤炉的炉胆（只需炉胆，不需外加炉壁）只需1.5～2元，可多年使用。

2）吹风法。吹风法主要是针对辐射霜冻而采用的一种防霜方法。每个果园隔一定距离竖一高10米左右的电杆，上面安装吹风机，霜冻来临前打开风机，将离地面约20米的暖空气与近地面的冷空气进行置换，正常运转后能够使近地温度提高3℃左右，提高树体周围气温，从而避免冻害发生。风机上装有温度及风速实时监测装置，并能够在温度达到设定值时自动启动。

3）喷水法。春季多次高位喷水或地面灌水，降低土壤温度，可延迟开花2～3天。喷灌降低树体和土壤温度，可延迟开花7天以上。根据天气预报，在霜冻发生前1天灌水，提高土壤温度，增加热容量，夜间冷却时，热量能缓慢释放出来。浇水后增加果园空气湿度，遇冷时凝结成水珠，也会释放出潜在热量。因此，霜冻发生前，灌水可增温2℃左右。有喷灌装置的果园，可在降霜时进行喷灌，无喷灌装置时可人工喷水，水遇冷空气凝结时可释放出热量，增加湿度，减轻冻害。

（6）架设防霜帐篷　对于霜冻发生严重的地区，可架设防霜帐篷进行防护，具体做法为：在大樱桃行间间隔 4 米埋设 1 根石柱，石柱顶部比大樱桃树高20～30 厘米，石柱间以竹竿、铁丝等作横梁。大樱桃开花前 7 天在上面覆盖塑料薄膜，四周用绳索拉紧，使樱桃园全园连成一体，或以 2 行为 1 个结构体。塑料薄膜仅覆盖樱桃园上方，四周不盖，以利通风，大樱桃坐果 2 周后揭膜。

49. 霜冻发生后如何救护？

已经发生冻害的果园，应积极采取措施，将危害降低到最低限度。霜冻过后，在第一时间对产区大樱桃花器官、幼叶、幼果、新梢等进行全面调查，全面评估霜冻的危害程度，针对实际受灾程度采取具体救护措施。

（1）缓解霜冻危害　霜冻发生后，要及时对树冠喷水，可有效降低地温和树温，从而有效缓解霜冻的危害。

（2）保花保果，促进坐果　大樱桃树受晚霜危害后，喷施 1～2 次（间隔 5～7 天）200 倍的蔗糖水＋600～800 倍天达 -2 116 含氨基酸水溶肥料30～40 毫克 / 升赤霉素＋杀菌剂，迅速补充树体营养，修复伤害，提高坐果率，促进幼果发育，减少病菌感染。充分利用晚茬花，采取人工授粉或壁蜂辅助授粉，喷钼酸钠（150 毫克 / 升）、硼（0.3%）、尿素（0.3%），以提高坐果率，弥补一定产量损失。待受冻害的树体各器官恢复稳定后，及时进行修剪。剪掉受冻严重不能自愈的枝叶和残果，疏除影响光照的密枝和徒长枝，新梢适时摘心，改善光照，节约养分，促进果实发育。霜冻危害严重、坐果少、长势旺的园片或单株，应控制旺长，稳定树势。

（3）加强土肥水综合管理，促进果实发育　霜冻发生后及时灌水，以利于根系对水分吸收，从而达到养根壮树的目的，使树体尽快恢复生长。及时施用复合肥、硅钙镁钾肥、土壤调理剂、腐殖酸肥等，促进果实发育，增加单果重，挽回产量。加强土壤管理，促进根系和果实生长发育，以减轻灾害损失。

（4）加强病虫害防治　遭受晚霜冻害后，树体衰弱，抵抗力差，容易发生病虫害。因此，要注意加强病虫害综合防治，尽量减少因病虫害造成的产量和经济损失。

50. 如何防止裂果?

(1)选择抗裂果品种 选择抗裂果品种可以从根本上解决裂果问题。品种的抗裂果性一般表现在两个方面:一方面是由品种本身的遗传特性决定的;另一方面是其成熟期可以避开雨季、阴雨天等不良天气,避免采前裂果。因此可选择抗裂果品种进行栽培。极早熟品种,一般成熟前没到雨季,所以裂果较轻。在早熟品种中,福晨、意大利早红、早生凡抗裂果能力较强,红丰、巨红、布鲁克斯裂果率比较高(图26)。在中熟品种中,砂蜜豆、黑珍珠、斯帕克里、拉宾斯、先锋抗裂果能力较强,而艳阳裂果率比较高。晚熟品种中红手球较抗裂果,而晚红珠的裂果率比较高。此外,也要考虑选择适宜的砧木。

(2)加强栽培管理

1)改良土壤。选择地势较高、通透性较好的壤土或沙壤土建园,对土壤黏重的果园要加强土壤改良,改善土壤理化性质。在行间深翻扩穴,深耕覆土,掺沙改良、增加土壤的透气性和排水性能,避免积水。

2)加强水分管理。加强水分管理,保持花后土壤水分稳定,防止久旱后浇水过多。使土壤含水量保持在田间最大持水量的60%～80%,防止土壤忽干忽湿。避免土壤湿度变化剧烈。干旱时,需要浇水,应小水勤浇,多浇过堂水,严禁大水漫灌。有条件的可选用喷灌、滴灌等,微喷效果最好。雨后要及时排水。

3)合理施肥。合理施肥,及时增施有机肥,可促进根系生长良好,缓冲土壤水分的剧烈变化,减轻裂果。肥料的种类、用量、施用时期及方法等都会对裂果造成影响,基肥应以有机肥、人畜粪肥为主,避免施入过多的无机氮肥。8月中下旬至9月上旬,通过增施有机肥、土壤调理剂(硅钙钾镁)等栽培管理技术防治大樱桃裂果。盛果期树(1 000千克以上/亩),每株施用生物有机肥10千克左右,配合2～2.5千克土壤调理剂,配合1.5～2千克高含量的复合肥。果实发育期要注意氮、磷、钾等养分平衡,氮肥和钾肥不宜过多,及时补充微量元素,特别是在果实发育期注意补充钙肥,可明显降低裂果率。萌芽前和6月,各追施一次硝酸钙和硫酸钾复合肥,每次0.5千克。

4)确定合理的株行距。根据选用的树形,确定适宜的株行距,从而避免果园郁闭,空气流通不畅,使果实表面附着的水分快速蒸发,预防裂果的发生。

5)架设防雨设施。在建造大樱桃园时,建造简易的大棚骨架,以水泥柱、粗铁丝、细铁丝、化肥袋材质的篷布、尼龙绳等为材料。下雨前将篷布拉上，雨后将篷布再拉下。此法不仅能防雨，而且在花期前后还可以预防霜冻。

（3）喷施抗裂果化学物质　目前，对抗裂果有效的化学物质主要包括四类：植物营养物质、植物生长调节剂、抗蒸腾剂和蜡质乳化剂。矿质元素是最常用的植物营养物质，矿质元素中以钙对裂果的防治效果最好，在树体钙元素缺少的情况下喷施钙肥可以明显降低裂果率。氨基酸钙，通常在果实发育期喷施 3～4 次。采收前 3～4 周，喷施 NAA（0.5～2 毫克/千克）可降低裂果率 20%～40%，或采收前 35～40 天喷 1 毫升/升 NAA 可降低裂果率 50%，NAA 和 Ca（NO₃）₂ 混合使用，对裂果的防治效果更佳。在大樱桃果实发育初期喷施适量微量元素营养液，可增强树体营养，有效减轻裂果。也采用采收前 3～4 周，喷施 GA₃15～30 毫克/千克的方法来减轻裂果，同时也可以起到增大果个的作用。在成熟期喷施抗蒸腾剂和蜡质乳化剂可防止果实表面水分渗入果实内部，保持果实内部水分稳定，从而降低裂果率。

图 26　裂果

89

51. 大樱桃设施栽培的发展情况是怎样的？

设施栽培是大樱桃安全优质生产的关键技术之一。设施栽培主要包括促成栽培、避雨栽培和越冬保护栽培。国外主要以连栋温室和塑料大棚进行促成栽培，以防雨棚进行防雨保护栽培。我国主要以日光温室和塑料大棚进行促成栽培，以辽宁大连和山东烟台、潍坊、泰安为主；防雨棚发展次之；越冬保护设施稍有发展。

52. 为什么大连地区大樱桃上市早？

大樱桃进入休眠期后，必须经过一定的低温才能解除休眠。不同品种大樱桃之间的需冷量有很大的差异，一般大樱桃品种在温度为 0～7.2℃需冷量为700～1 400 小时。满足需冷量要求后，当外界温度适宜时，大樱桃即可萌发。由于大连地区冬天降温早，大概在 10 月就可以满足大樱桃休眠的温度。休眠早意味着开花坐果、果实成熟也早。

在大樱桃保护地促成栽培中，为了使果实提早成熟上市，获得较高的经济利益，可采取提早覆盖的措施，达到提早解除休眠的目的。解除休眠越早，升温越早，果实成熟也就越早。有的种植户在温室内安装制冷设备或将盆栽樱桃移入冷库强制休眠。在温室内安装制冷设备的，其大樱桃在 8 月就进行扣棚覆盖，每天降低 1℃，降到 7℃以下后将温度保持在 0～7.2℃，满足需冷量后，即开始升温，樱桃鲜果可以在元旦、春节前后上市，经济效益显著。

53. 大连地区大樱桃促成栽培采用怎样的设施？

辽宁大连地区主要采用日光温室进行大樱桃促成栽培，多采用Ⅰ型和Ⅱ型，有些地区根据实际的立地条件也开发出来相应的设施结构。

Ⅰ型标准化结构为（图 27）：脊高 4.3 米，后墙高 2.5 米；采光屋面角 30°，后坡仰角 45°；前后坡投影比 4：1；南北跨度 9 米，东西长度 50～80 米；墙体厚度 1.5 米；多为竹木水泥结构或钢架结构。但大多日光温室根据地形、果园面积、树体高度等确定设施结构参数，因此标准化设施的规模化应用较少。日光温室长度一般为 70～120 米，跨度 7～15 米，脊高 4.0～5.8 米，后墙高 2.5～4 米，保温材料多为保温被，一般不需要加温设备。

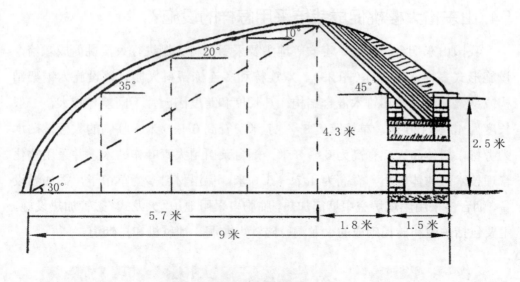

图27 高光效节能月光温室Ⅰ型

Ⅱ型标准化结构为（图28）：南北跨度11米，东西长度50～70米；前后坡投影比为6∶1；采光屋面角27°；脊高4.84米，后墙高3米；后坡仰角50°，后坡长度2.4米；墙体复合厚度1.0米；竹木水泥结构或钢架结构。

特点与适用范围：与第二代节能型日光温室比较，采光面积和有效栽培面积增加，后墙和后坡受光时间延长40～60分，后部光强平均提高30％以上。温室中部和前部光照强度与其相当，棚温提高5℃以上。适合各种设施果树在北纬33°～38°地区进行冬季不加温促成栽培。

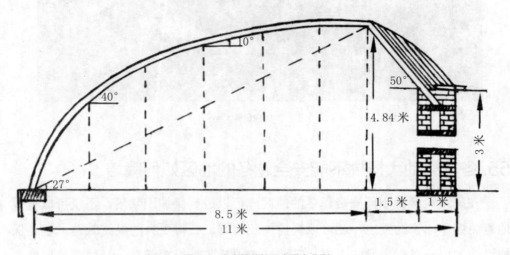

图28 高光效节能日光温室Ⅱ型

54. 山东省大樱桃促成栽培采用怎样的设施？

我国山东烟台、临朐、泰安等地主要采用塑料大棚进行大樱桃促成栽培，设施形式多样，有单栋（图29）、双连栋和多连栋塑料大棚。该设施为钢架结构或钢架、水泥柱和竹木混合结构，其长度和跨度因园片不同差异较大，一般长度为43～120米，单栋跨度5～17米，脊高6～9米。临朐的大樱桃砧木为考特，树体高大，脊高为6～8米；烟台莱山用大青叶作砧木，并采用矮化管理技术，树体较小，脊高为4.7～5.6米。保温材料多为草帘子，需加温设备，烟台多采用燃煤炉空中烟筒加热，临朐多采用地炉"火龙式"磁管加热设施，主要包括炉膛和砖瓦砌成的火龙洞、磁管火龙洞、抽风机和排烟道。

图29 单栋塑料大棚

55. 冬季露地大樱桃不能安全越冬的地区如何栽培？

在露地大樱桃不能安全越冬的地区，可以进行保护地栽培，不仅可以有效地避免冬季冻害的发生，还可以提前供应市场，获得更大的经济效益。越冬保护设施主要分布在黑龙江、吉林等地，由于其冬季极端低温，易对樱桃树体产生冻害，采用保护设施可安全越冬；充分利用该地区物候期晚的特点，栽植中晚熟品种，延迟樱桃鲜果上市时间，拉长鲜果供应链。

56. 促成栽培如何选择设施棚膜及保温材料？

促成栽培中棚膜应选择透光率高的消雾型长寿无流滴膜，根据单栋棚体宽度、防风口的位置和数量合理分配块数及长宽度，其中最顶部一块为固定的。生产中使用的棚膜主要有 PE（聚乙烯）、PVC（聚氯乙烯）、EVA（乙烯–醋酸乙烯共聚树脂棚膜）和 PO（聚烯烃）。PO 是采用先进工艺，PE 和 EVA 多层复合而成的新型温室覆盖薄膜，具有两者的优点，强度大、抗老化性能好、透光率高且衰减率低，燃烧时不散发有害气体，目前生产上 PO 膜使用普遍，效果较好。

保温材料大体分两类：草帘子和保温被。草帘子，以稻草为主要原料编制而成，一般幅宽为 1.5 米、厚度为 5 厘米，经济实惠、保温效果好，但使用年限短，一般为 2～3 年，随着使用时间延长，保温效果逐渐变差，在寒冷地区多用双层覆盖。保温被，主要由编织布、牛筋布、无纺布作面料；针刺棉（垃圾棉）、喷胶棉（太空棉）、珍珠棉（聚乙烯发泡）、塑料膜等材料作主体保温材料；雪后晴天，保温被吸水变沉，角度不好的温室卷放保温被会有问题。无外覆盖面料的保温被，干得比较快。

57. 塑料大棚内极端低温时如何提高棚室内的温度？

与日光温室相比，塑料大棚的保温性能相对较差，单纯用保温措施还不够，夜间的温度过低将会影响樱桃上市期，需建造加温设施。生产上应用较多的加热方式有燃煤炉空中烟筒加热和地炉"火龙式"磁管加热。燃煤炉空中烟筒加热升温快，但降温也快；地炉"火龙式"磁管加热设施结构简单，成本低廉，但加热时升温较慢，棚体大时需要设置多组，生产中操作强度较大，各连接处易发生漏烟，应注意检查。当遇到气温骤降、棚内温度过低时，应增加临时供暖设施来加温。一般的供暖设施主要有热风炉、碘钨灯、电暖器等。应尽量避免使用明火取暖，以防产生有毒、有害气体，给人和树体带来危害。

正确掌握卷帘放帘时间也是提高温度的必要方法。虽然早揭晚放可以延长棚内的光照时间，但是当外界气温过低时，揭帘过早或放帘过晚会影响棚内温度，故应正确掌握揭放帘时间。冬季，一般在正常天气情况下，日出后 1 小时揭帘、日落前 1 小时放帘较为合适；春季，适当提前揭帘、延后放帘。在遇特殊寒冷天气或大风天气时，要适当晚揭早放。在天气暖和时，日出时揭帘，日落时放帘。阴天时，在不影响温度的情况下，正常揭盖草苫，利用散射光，有利于树体生长发育，故可晚揭早盖。遇积雪，应立即清除。除以上措施外，经常及时清除棚膜上的灰尘，增加透光率也是有效的增温措施。

58. 哪些大樱桃品种适合设施促成栽培？

大樱桃促成栽培的品种结构应以早熟品种为主，红、黄色搭配，据多年的品种比较和栽培试验结果表明，目前主栽品种主要有美早、红灯、早大果、明珠、萨米脱、福晨、佳红、早红珠、黑珍珠、艳阳等。辽宁省大连设施内主栽品种为美早、佳红、萨米脱、红灯、拉宾斯和雷尼；山东省设施内主栽品种为美早、红灯、先锋、拉宾斯、雷尼、早大果、萨米脱和斯坦勒等，临朐、平度表现丰产的为美早、红灯、先锋、拉宾斯和雷尼。主栽品种与授粉品种比例为 3：1，每个设施中授粉品种不少于 2 个，一般主栽品种与授粉品种以隔行栽植为宜，即每隔 1 行或 2 行主栽品种栽植 1 行授粉品种。

设施促成栽培的大樱桃品种与授粉树选择需遵循以下原则：①市场前景好、价格高、销路好；②个头大，品质好，丰产性好；③需冷量低，完成休眠早，能早扣棚；④果实发育期短，能提早上市；⑤适应性强，栽培障碍少，易管理；⑥花期一致、相互授粉亲和性好（S 基因型不同），授粉品种花期长、花量大。

品种选择非常关键，除品种自身的特点外，还要考虑以下几点：①根据市场定位选择，比如外销的选择红色耐运输品种，本地销售的可以选择黄色或黄红色品种。②根据当地气候特点选择，樱桃休眠早，升温早的地区，相对品种选择比较多；樱桃休眠晚的地区，应选择早熟品种。③根据栽培规模，规模大的可以搭配早、中、晚不同熟期的品种，延长采收期，避免采收过于集中，造成经济损失。

59. 促成栽培有哪几种栽植模式？

（1）先培养成结果树移入棚内 预先根据棚体结构及预定株行距，培养与之适应的树体结构，如日光温室南边培养成冠层矮的开心形等，中间部分培养成两层或三层，靠近后墙的培养成三层或四层，树体高度由南到北逐渐升高，可提高冠层的透光性；塑料大棚每栋的两侧树冠矮，中间部分树冠逐渐升高；盛果期时移入棚内预定位置。该方式周期长，选择品种未必能很好地满足市场需求。

（2）结果大树就地建棚　这是塑料大棚促成栽培初期的主要方式，就是对露地栽植的盛果期大樱桃树，根据地块大小和树体高度，设计相应参数的设施结构，在其上直接建棚。该方式不需要缓树，当年产量非常可观；但棚体结构一致性较差，棚体高大，上棚膜和覆盖保温材料难度大，危险性高。

（3）移栽结果大树建棚　采用外购 5 ～ 10 年生的结果大树直接移栽到棚内的方式，移栽树经过一个生长季的缓树与培育，第二年即可进行生产，并能取得很好的经济效益。如果移栽过程中能采用保持根系完整的带土坨移栽方法，那么可实现当年移栽、当年扣棚、当年结果，因此成为当前设施促成栽培的主要方式之一，但该方式对树体伤害较大，如果管理不到位，当年产量和果实品质会受到很大的影响。

60. 促成栽培中大树移栽有哪些关键技术？

（1）移栽的时间　最佳移栽时期是早春（春栽）和落叶后至土壤封冻前的深秋（秋栽），大连、烟台地区通常选择秋栽。秋栽应该保证在温室内土壤上冻前完成定植，利于后期树势恢复。

（2）移栽前的准备　对要移栽的大树进行标号和定向，在树干标定南北方向，使其移栽后仍能保持原方位，以满足对避阴及阳光的需求。移栽前最好不要修剪。

（3）挖定植沟与土壤改良　根据移栽大树树冠高度和大小，确定栽植株行距，株行距一般为 3 米 ×4 米或 2.5 米 ×3.5 米。沟宽 1 米、深 0.5 米左右，放入腐熟好的农家肥（4 000 千克 / 亩）、腐殖土等，与土混匀，回填放水，沉实待用。

（4）去叶、挖树　挖树前或装车前一定要去除叶片，减少在运输过程中水分蒸发，保证成活率。要保持根系的完整性，挖树应尽量使用机械挖树，利于根系保存比较完整，缓树快，成活率高。有条件的地区，可以带土坨移栽；不能带土坨的，要将根系保湿运输，以利成活。运输时，大树的树干和主枝最好也用草绳包裹。

（5）大树定植 大树运到后，必须尽快定植。移栽前要将伤根剪平，去掉根瘤，用 K84（20～30 倍）蘸根杀菌。栽植后要灌透水，第二天用生根粉溶液灌根，覆上膜。升温前用生根剂和营养液混合液灌根，每株 50 千克混合液，10 天后再灌根 1 次。

61. 促成栽培中休眠期如何管理？

（1）确定扣棚与升温时间 扣棚的时间依据不同地区冬季气温的特点而定，一般在大樱桃进入休眠期后进行扣棚覆盖。大樱桃在气温低于 7.2℃时就进入自然休眠阶段。纬度高的地区覆盖时间早，纬度低的地区覆盖时间相对较晚。大连地区由北向南扣棚的时间逐渐延迟，从 9 月末到 11 月末，升温的时间依次从 11 月中后旬至翌年 1 月上旬。山东烟台、临朐等地一般在樱桃正常落叶后（11 月中下旬）扣棚，人工降温休眠，在 12 月中旬前后至翌年 1 月上旬升温。有些地区考虑到市场行情，避开上市的高峰，升温的时间也略微延后，以占领缝隙市场。

（2）利用自然冷源，促进休眠 将薄膜和保温材料铺设好后，当最高气温降至 7.2℃以下时，通过保温材料和放风口的调节，促进休眠。休眠期的温度控制在 7.2℃以下和土壤并未上冻的温度以上最为适宜，一般保持在 2～7℃。

（3）设施内的管理 大连地区，采收后夏季覆盖遮阳网的温室，当休眠 1 周左右时，叶片部分开始黄化脱落，对于没有脱落的叶片，需要人工摘除，并清理落叶。清理完落叶后，浇封冻水，确保休眠期土壤中的湿度，减轻寒冷导致的水分流失，随时检查土壤墒情，如有干旱现象，应及时补水。

62. 促成栽培如何打破休眠？

利用生物和化学方法合成植物生长调节剂来打破植物休眠的技术，已经在保护地果树生产上得到了广泛应用。单氰胺是目前最广泛用于破眠催芽的生长调节物质。单氰胺原药为无色晶体，易吸水潮解，遇碱分解成双氰胺（石灰氮）的聚合物，遇酸分解成尿素。在植物体内可快速分解生成尿素，不留残毒。目前，在辽宁大连、山东临朐的大樱桃温室生产上应用效果较好，并已连续应用多年，但因品种和生态条件不同，最佳使用时期存在差别。一般是在温室升温头一天下午喷施50%荣芽(单氰胺)50～70倍液，要求要周到细致，对于萨米脱等开花晚的品种，应接着再喷一遍，第二天开始拉帘升温。大连市旅顺口区山涧堡街道的多个大樱桃温室应用情况表明，喷施单氰胺以后能提前15天萌芽，开花和成熟期提前10～15天，而且萌芽率明显提高，萌芽、开花整齐一致，成熟期集中，单果重和产量均有提高。但需要注意的是喷施以后，新梢的生长量也明显加大，故需在棚内见到第一朵樱桃花时，喷施PBO 100倍液(视树势强弱)一次，硬核期前后喷施PBO 150～200倍液1次。须注意，高浓度的单氰胺会出现药害，造成死芽、死枝现象，升温以后再喷施单氰胺也会产生药害现象。

63. 促成栽培中萌芽前如何提高土壤温度？

大棚内地面接受的光照度由于棚膜和树体遮挡变弱，加之受光时间较短，土壤温度较棚内气温回升慢，并长期偏低。土壤温度过低会严重抑制根系的活性，所以，生产前期提高地温是相当必要的。

(1)建园时采用高畦栽培 高度在40～50厘米，既有利于提高根际土壤温度又节约用水；涝雨天时又易于排水防涝；同时透气性好，能够有效克服根腐病的发生，就连树体流胶现象也较轻。红灯、美早等较为旺长的树势也能得到适度缓和。

(2)树盘覆膜 在树盘内用塑料薄膜起30厘米左右的小拱，留下管理操作行，其上覆盖地膜，比单纯地面覆盖地膜的地温要高3℃左右。该方法浇水方便，湿度又容易控制。具体方法为：用竹片插拱后覆盖薄膜，薄膜用黑色可比白色吸热量高，又能抑制下部草的生长；也可以拉几道铁丝，中间用枝棍支撑，将大棚用过的膜覆盖上也可，废物利用，节约成本，创造效益。樱桃硬核期时，应将薄膜撤掉，提高土壤的透气性，尤其是地面直接平铺地膜的棚户更需重视。

(3)增设地温加热系统 一是在30厘米下埋设电加热系统，二是埋设管道用热水循环或热风循环系统。这两种加热方法都能取得好的加热效果，但大部分人对这项投资比较谨慎。

64. 促成栽培中萌芽前如何管理？

萌芽前通常是指从升温到萌芽这段时期，是决定上市早晚的关键时期。

（1）修剪管理　萌芽前修剪只能作为夏季修剪的一个补充。要多动上层，少动下层，改善冠层通风透光性；剪掉花芽或弱枝，防止发徒长枝；以下控上，保持树体平衡。切忌修剪过重，对于大枝要谨慎处理。以疏枝和回缩为主，少用或不用短截。

（2）采用破眠剂促进打破休眠　目前，应用最广泛的促进打破休眠的破眠剂是单氰胺，在辽宁大连、山东烟台和临朐的大樱桃设施生产上应用，均取得了较好的效果。

（3）温湿度调控　萌芽前，白天气温控制在18～20℃，最高不超过25℃，夜间不低于5～7℃，地温保持在10℃左右。高温高湿的环境条件，有利于打破休眠。在不覆盖地膜的温室里，花前大概需要浇2次水；覆盖地膜的温室，只需在升温后第二至第三天浇1次水即可。花前要保证空气相对湿度在70%～80%，如空气相对湿度下降，可通过中午人工洒水进行补充。

（4）病虫防控　在此期间，由于高温高湿，升温10天左右，易发生红蜘蛛，可以用三唑锡防治。升温15天左右，芽未吐绿、鳞片松动、有缝隙时，喷施5～8波美度的石硫合剂。

（5）土肥水管理　升温后，如果土壤追肥，容易破坏根系，对树体坐果有一定的影响。可以结合解冻水，加入一定量的沼液或豆饼水，随水一起施入树盘内。喷完破眠剂后，地面即可覆盖。沙土地可以不用划锄，直接覆盖；土壤偏黏的土地，最好进行一下划锄，再进行覆盖。

65. 促成栽培中萌芽期如何管理？

萌芽期是指芽体膨大、鳞片绽开到幼叶分离或花蕾伸出的时期，是花芽和叶芽竞争营养的重要阶段。

（1）温湿度调控　适当地控制局部的气温，调整树体发育的整齐度，尽量同时进入花期，便于管理。这一时期白天温度过高，会造成畸形花，不利于媒介授粉。采用蜂媒辅助授粉的，白天的温度一般控制在12～16℃，也有些种植者将温度控制在20℃左右，确保花器官的发育，有利于授粉受精。夜间温度过高，养分会向展叶方向偏移，影响花的质量，可将夜间最低温度控制5℃左右，效果较好。地面覆盖薄膜的，不用浇水；未覆盖薄膜的，若土壤缺水，可小水补浇，不可大水漫灌，否则会延迟花期。当设施内空气相对湿度降至20%以下时，需要地面喷水加湿，防止湿度过低发生烤芽现象。

（2）抹芽、修剪 通过抹除过多或过密的叶芽和花芽，减少对储藏营养的消耗，促进坐果，还可以减少疏花疏果和夏季修剪的工作量。萌芽期，会发现一些未萌芽的死枝，可进行一次剪除。叶芽生长较旺的结果枝，通过剪除新叶的50%，减缓叶的萌发速度，促使养分向花运输。

（3）肥水管理 花和叶的萌发，主要依靠树体上一年储藏的营养。此时根系吸收能力较差，肥料利用率比较低，而且施肥浇水后，地温下降，花期延迟，因此萌芽期不宜浇水施肥。

66. 促成栽培中花期如何管理？

大樱桃是自花结实能力低的果树，为了提高坐果率，除建园时配置授粉树外，还应该做好人工授粉、利用访花昆虫授粉以及辅助授粉。

（1）人工授粉 在开花当天至花后第四天进行，每天1次，一般9～15时授粉为宜。可用鸡毛掸子或毛团、球式（软气球）授粉器在授粉树及被授粉树的花朵之间轻轻接触授粉；也可人工采集花粉，用授粉器点授。人工点授以花后一两天的效果最好。

（2）利用访花昆虫授粉 ①释放蜜蜂授粉：在大樱桃初花期，每个温室1～2箱蜂，放风口加防虫网，以防蜜蜂飞丢。若遇雪天或低温天气，蜜蜂不出巢采蜜，必须人工授粉。②释放壁蜂传粉：壁蜂活动温度低，适应性强，访花频率高，繁殖和释放方便。蜂巢宜放在距地面1米处，每巢250～300支巢管。在大樱桃开花前1周，从冰箱内取出蜂茧放入温室内的蜂巢上，棚内设湿润泥土坑。一般在放入后5天左右为出蜂高峰期，每亩放蜂量为300只左右。如果壁蜂破茧困难，可人工辅助破茧。在放蜂期间，避免喷施杀虫剂。

（3）辅助措施 在盛花前喷布一次0.2%尿素＋0.2%～0.3%硼砂或赤霉素，可显著提高坐果率。另外在开花前至开花末期，每逢晴天，在不降低温度的前提下，揭膜通风，可提高花器对自然条件的适应能力和花器的发育质量，同时还可以降低棚内空气湿度，有利于花粉干燥散粉。

67. 促成栽培中果实第一次膨大期如何管理?

花经过授粉受精后约 20 天，果实进入第一次膨大期，这一时期是决定果实大小的关键阶段之一。同时这个阶段如果授粉受精不良，会出现落果现象。

（1）温湿度调控 白天的温度在 21 ～ 23℃，夜间温度 8 ～ 10℃。空气相对湿度最好达 50% 以上，这样有利于幼果膨大。13 时，可以适当地进行喷水来提高设施内的空气相对湿度。

（2）修剪管理 幼果、叶片和新梢，三者之间是相互竞争的关系。通过人为的调控，让幼果和叶片达到一个平衡。新梢留 7 ～ 8 片进行摘心，果量多的位置长出的新梢，相对生长势不强，可以考虑留或晚些摘心；果量少的位置的新梢，可以早摘心。新梢过密，适当进行疏除。对于叶果比严重失调的树，要及时疏果。

（3）肥水管理 此时养分主要来源于树体上年储藏的营养和当年制造的营养，会出现一个过渡的时期（叶片黄绿）。施肥方面，可以考虑使用氮：磷：钾＝16：16：16 或 20：20：20 的水溶性肥，根据树体的挂果量，每株施用 200 ～ 400 克，同时还可以配合有机肥和生根肥。一般从落瓣开始到硬核初期，每 7 ～ 10 天浇 1 次水肥，浇水量不宜过大，切忌只浇水不施肥。没有滴灌的，可以用打药池来配置肥料，使用打药泵进行浇水施肥。覆盖地膜的可以从两侧灌入，未覆盖地膜的要灌溉后及时松土，减少水分流失。

（4）注意事项 落瓣后，及时敲掉或吹掉未落花瓣，减少果实病害发生的概率。防止夜间温度过高，新梢生长旺对幼果会形成养分竞争。平衡树势，合理负载，留果量切勿贪多。

68. 促成栽培中硬核期如何管理?

硬核期是大樱桃果实生长缓慢的阶段，同时也是种核硬化和胚乳被胚吸收的时期。一般情况下，温室或大棚内美早硬核期是 30 天左右。硬核期后，果实会转白发亮。

（1）温湿度调控 白天的温度控制在 22 ～ 24℃，夜间的温度在 8 ～ 10℃。

如果夜间温度过高，新梢生长旺，就会与果实产生营养竞争。每隔 2～3 天，对地面进行喷水，维持设施内的空气相对湿度。放风时最好拉开底角风口，可以有效地平衡设施内的温度。

（2）修剪管理　新梢一般可以留 7～8 片叶摘心，果量多的位置长出的新梢，相对生长势不强，可以考虑留或晚些摘心，果量少的位置的新梢，可以早摘心；新梢过密，适当进行疏除。

（3）肥水管理　施肥方面，以有机肥为主，如黄腐酸、腐殖酸和腐殖质类肥料。此阶段果实生长缓慢，氮磷钾的水溶肥作用效果并不明显，可以不用或少用。有机肥的施用量要根据树体的负载量，每亩一次施 10～20 千克。从硬核初期到硬核结束，每 7～10 天浇 1 次水肥，切忌只浇水不施肥。

（4）病虫害防治　此期为果实成熟期病害预防的关键时期，喷施一次杀菌剂和杀虫剂，能有效地防止病害和虫害的发生。使用杀菌剂的浓度不宜过大，可以选择广谱性的 70% 甲基托布津可湿性粉剂 800 倍液喷雾防治；杀虫剂主要针对的是红蜘蛛、白蜘蛛，可以选择 25% 三唑锡可湿性粉剂 1 000 倍液喷雾防治。

69. 促成栽培中果实第二次膨大期如何管理？

大樱桃第二次膨大期，是从硬核至果实成熟，主要特点是果实迅速膨大，横径增长量大于纵径增长量。充足的水肥供应，昼夜温差较大，可使果实充分膨大。若白天温度过高，能减少果实膨大的量，促进提早成熟。果实转白至着色期膨大尤为明显，但此时大水漫灌或棚内湿度过高，易引起裂果。

（1）温度管理　前期，白天的温度控制在 23～25℃，夜间的温度在 10℃；果实完全着色后，白天的温度可以降低 1～2℃，保证果实完全膨大。夜间温度不宜过高，易导致新梢旺长。

（2）修剪管理　新梢进行反复摘心，控制其生长量，促进果实发育和花芽的分化。对于徒长的枝条，要及时疏除，避免不必要的养分消耗。

（3）肥水管理　通过增加肥水供应，确保果实继续膨大。施肥方面，可以考虑使用高钾的水溶性肥，根据树体的挂果量，每株施用 200～400 克，同时还可以配合有机肥。每 7～10 天浇 1 次水肥，浇水量不宜过大，直至采收。

没有滴灌的，可以用打药池来配置肥料，使用打药泵进行浇水施肥。覆盖地膜的可以从两侧灌入，未覆盖地膜的要灌溉后及时松土，减少水分流失。

70. 促成栽培中如何预防裂果？

保护地栽培的大樱桃虽然避免了因降水而导致的裂果，但不适当的灌水、过多施用氮肥及棚内空气相对湿度过大，仍会引起大樱桃的裂果。为防止和减少采前裂果，应采取如下措施：①覆盖地膜。在大樱桃休眠完成后，可以覆盖地膜，保持湿度的同时还可以提高地温，促进树体提前萌发。覆盖地膜有2种方法：第一种方法，株间覆盖白地膜，行间覆盖黑地膜；第二种方法，全部覆盖黑地膜。覆盖地膜，既能减少灌溉的次数，也能稳定土壤湿度，有利于根系对水分的吸收，同时还可以降低空气相对湿度。②浇水。在果实生长前期，保持土壤含水量为田间最大持水量的60%左右。灌水原则是小水勤浇。小水勤浇，能维持土壤湿度，同时将肥料带入根系附近，利于树体吸收，对促进果实生长和提高叶片的质量都有很好的效果。③确保温度相对稳定。在大樱桃转白上色时期，每隔2～3天于13时，对地面进行喷水，增加空气相对湿度，确保湿度相对稳定。打开风口是降低湿度最有效的办法。早晨卷起保温被，棚膜会有一层霜，阳光照入后，会形成水滴，此时空气相对湿度接近100%。若卷起保温被后，打开上风口半小时，能明显降低空气相对湿度，降低裂果的概率，虽然温度暂时下降，但很快就会升上来。晚上放保温被前，打开上风口半小时，同样也可以起到很好的效果。对于阴雨天，外界的空气相对湿度100%，最好关闭风口，防止温室内的空气相对湿度过大。

71. 促成栽培中果实何时采收？如何包装？

果实采摘时期应根据销路及市场需求情况而定，做好分批采收。采果的时间应该在10时以前，果实的温度不高，有利于装箱运输。采摘的顺序是从外到内，从下到上，可以有效地避免果实的损耗。同一株树根据果实的成熟度分批采收。用手握住果柄，用食指顶住果柄基部，轻轻掀起采下，保持果柄完整，轻拿轻放。采下的果实立即放在阴凉处，避免太阳直射；按照果实的大小进行分级、包装，可以采用2.5千克或5千克的包装盒或包装袋；包装盒的容积不宜太大，避免长途运输时果实挤压和摩擦。

72. 促成栽培中采收后的主要管理技术有哪些？

促成栽培大樱桃如果采后放松管理将会出现树势衰弱、花芽分化不良、花芽老化以及落叶提前、开花提早等问题，直接影响翌年的生长结果及产量。

（1）及时去除覆盖物　采收近结束时要逐渐加大放风量，放风锻炼不得少于 15～20 天，防止撤膜过急。夏季及时罩遮光率在 30% 以下的遮阳网。

（2）及时补肥　追肥的种类以速效性肥料为主。8 月末至 9 月末及时施基肥，以腐熟的鸡粪、猪粪等有机肥为主，有条件的果园可以增加饼肥的施用量，能有效地提高果实品质。另外，果实采收后可根据树体发育情况及时进行叶面追肥，每隔 15 天左右叶面喷施各种叶面肥或尿素 0.5%、磷酸二氢钾 0.5%（2～3 次），以提高叶片光合能力，增加树体营养积累。

（3）及时排灌水与中耕松土　追肥后应立即灌水，以后根据土壤墒情和树体生长状况适时灌水。雨季做好棚内排水。每次灌水和雨后要及时中耕松土及除草，深度 10 厘米左右。落叶后清扫棚内杂草和落叶，消灭病源。

（4）加强夏剪　主要目的是削弱竞争枝势力，调节树冠内通风透光水平，增加结果枝枝量和营养储备，防止结果部位外移，促进花芽分化。方法主要是疏枝、摘心和拿枝，对背上直立枝或强旺枝及影响通风透光的大型辅养枝及时疏除，对部分长果枝、主枝延长枝等及时摘心，对发枝角度不好枝及时拿枝或拉枝。

（5）预防高温干燥　花芽分化期的高温干燥会造成翌年出现畸形果概率高，另外高温干燥还会造成螨类的发生，因此，要及时喷灌水和打开通风窗。

73. 大樱桃避雨防霜设施有哪些类型？

大樱桃避雨防霜设施可分为固定式避雨防霜设施与可拉开式避雨防霜设施。固定式避雨防霜设施包括简易塑料固定式、聚乙烯篷布固定式、连栋塑料固定式、钢管结构固定式等；可拉开式避雨防霜设施包括一线拉帘式、三线拉帘式（可分为圆木结构和钢管结构）、四线拉帘式、篷布收缩式等。

74. 如何搭建简易塑料固定式避雨防霜棚？

简易塑料固定式避雨防霜棚（图30）主要材料包括水泥柱、竹竿、钢绞线和塑料薄膜。以水泥柱作为避雨棚骨架，竹竿作棚架之间衬托，钢绞线作竹竿间的连接，塑料薄膜作覆盖物。

每行树建1个避雨棚，在行向每隔4米设1根中间立柱，地下埋50～60厘米，棚的高度根据树高确定，棚顶离树体保持0.5～1米的空间，距离立柱顶端50～80厘米横放1根ø25毫米的钢管，作钢绞线的托架；然后用竹竿连接，每隔1米左右1根竹竿，上面覆盖塑料薄膜、固定。一般在花期前覆盖塑料薄膜，到果实收获后收起薄膜，可以起到防霜冻、防裂果的作用。成本费约3 000元/亩（不计人工费）。

棚型特点：该棚型搭建方便，成本较低，操作简单，但抗风效果较差。适用于矮化果园。

图30 简易塑料固定式避雨防霜棚

75. 如何搭建聚乙烯篷布式避雨棚？

聚乙烯篷布式避雨棚（图31）主要材料包括圆木、钢绞线、钢丝和聚乙烯篷布。以圆木作避雨棚立柱及斜顶杆，也可用水泥柱作为避雨棚支架。钢绞线作树行内立柱之间的连接及挂覆盖物，聚乙烯篷布（透光率约为80%）作覆盖物。1行树搭建1个避雨棚，各个避雨棚连成一个整体。在树行内每隔8米左右设1根立柱，地下埋50厘米左右，棚高依树高而定，棚顶离树体保持0.5～1米的空间。每行树的两端靠近立柱有斜顶杆，用钢绞线连接立柱顶端及斜顶杆，两端用地锚固定，通过滑杆螺丝将钢绞线拉紧，斜顶杆的高度比立柱低1.1米。立柱顶部纵向之间的连接用钢丝，延伸到果园的两侧，并设斜顶杆和地锚。立柱纵向之间用钢丝连接，经过斜顶杆并固定在地锚上，架设高度比立柱顶端低1.1米。在每行间架设两道水平钢丝，高度比立柱低1.1米，两道钢丝的距离50厘米，钢丝的两端连接在地锚上，整个框架结构就形成了。聚乙烯篷布中间及两边均有安全扣，需要时直接挂在钢绞线和行间钢丝上。若防早春霜冻和防裂果，在开花前挂上；若只为防裂果，可在果实转白前挂上，两端固定好，到果实采收后，将篷布收起存放。成本费约4 000元/亩（不计人工费）。

图31 聚乙烯篷布式避雨棚

棚型特点：该棚型造价低廉，结构牢固，操作省工省力。一般在开花前覆盖聚乙烯篷布，到果实成熟后揭开，既可起到防霜的效果，又可防裂果。

76. 如何搭建连栋塑料固定式避雨防霜棚？

连栋塑料固定式避雨防霜棚（图32），主要材料包括水泥柱、竹竿、钢绞线和塑料薄膜。以水泥柱作为避雨棚骨架，竹竿作棚架之间连接衬托，钢绞线作立柱间连接和竹竿托架，塑料薄膜作覆盖物。

每两行树建1个拱，在行向每隔4米设1根中间立柱，地下埋50～60厘米，棚的高度根据树高确定，棚顶离树体保持0.5～1米的空间，中间立柱两边隔4米左右各立1根立柱，高度较中间立柱低50～80厘米，形成一个坡度；然后用竹竿连接，每隔1米左右1根竹竿，上面覆盖塑料薄膜、固定，每隔20米左右，留1个20厘米左右的通风口，作为减压阀减轻风压。一般在花期前覆盖塑料薄膜，到果实成熟后揭开，可以起到防霜冻、防裂果的作用。成本费约6 000元/亩（不计人工费）。

棚型特点：该棚型搭建方便，成本中等，抗风性较好，整个生长季不用揭膜，省工省力，适合面积较大的果园。

图32　连栋塑料固定式避雨防霜棚

77. 如何搭建四线拉帘式避雨防霜棚？

四线拉帘式避雨防霜棚（图33），主要材料包括钢管、钢铰线和防雨绸。以钢管作避雨棚骨架，钢绞线作棚架之间连接衬托，防雨绸作覆盖物。每两行树搭建1个避雨棚，在两行之间每隔15～20米设1根中间立柱，地下埋50～60厘米，棚的高度依树高而定，棚顶离树顶保持0.5～1米的空间，中间立柱两边隔4米左右各立1根立柱，高度较中间立柱低1～1.2米，形成一个坡度，防止雨天积水；用钢绞线作骨架的连接和衬托，中间立柱拉2根钢绞线，相隔15～20厘米，两边立柱各拉1根钢绞线。斜梁上每隔30厘米左右在斜梁上、下各焊1排螺丝帽，串上钢丝作为防雨绸的托绳和压绳，托绳和压绳间隔排列，然后覆盖防雨绸，防雨绸两边有安全扣，直接挂在钢绞线上，可自由拉动。根据天气预报，在霜冻、降水之前将防雨绸拉开预防，天气晴好时防雨绸收起。成本费约8 000元/亩（不计人工费）。

棚型特点：该棚型结构牢固，操作方便，省工省力。

图33 四线拉帘式避雨防霜棚

78. 如何搭建篷布收缩式避雨防霜棚？

篷布收缩式避雨防霜棚（图34）主要材料包括钢管（水泥柱）、竹竿、篷布和尼龙绳；以钢管（水泥柱）作为避雨棚骨架，竹竿作棚架之间连接衬托，篷布作覆盖物。

可建成单体棚，也可建成连栋棚。一般每两行树建1个拱，在两行之间每隔4米设1根中间立柱，地下埋50～60厘米，棚的高度根据树高确定，棚顶离树体0.5～1米，中间立柱两边每隔4米左右各立1根立柱，高度较中间立柱低80～100厘米，形成一个坡度；然后用竹竿连接，竹竿间距80～100厘米，上面覆盖篷布，篷布沿行向上每隔1米左右拴1根尼龙绳压住篷布，同时每隔10米左右拴1根收缩绳。成本费约5 500元/亩（不计人工费）。

棚型特点：该棚型搭建方便，成本较低，操作简单，省时省工，适于大面积果园，但篷布老化较防雨绸快。

图34　篷布收缩式避雨防霜棚

79. 鸟害对大樱桃生产有哪些影响？

鸟类对大樱桃的危害主要表现为取食整个果实、啄伤果实（图35）、啄掉和挠掉果实，晚熟品种的危害程度轻于早熟品种。张智等（2010）调查表明，大樱桃鸟害的产量损失率为7.0%；2012年全国大樱桃产量为50万吨（中国园艺学会樱桃分会统计数据），因此，每年鸟害造成的产量损失为3.5万吨，严重影响了大樱桃生产的经济效益。

图35　鸟害

80. 鸟害的主要防控措施有哪些？

鸟类危害时间虽短，但因鸟类移动性大、适应性强，所以防治难度大。在不伤害鸟类的前提下，提前防止或减轻鸟类在樱桃园的活动是防御鸟害最根本的措施。国内外樱桃研究人员和种植者根据当地果园的实际情况和多年的实践经验，总结出一系列驱避鸟类的技术，现简单介绍如下。

（1）人工驱鸟　鸟类在黎明前后和傍晚前后危害较严重，可在此时段设专人驱鸟，将鸟类及时驱赶。被赶出园外的鸟还可能再回来，因此，需每15分巡查、驱赶1次，每个时段一般需驱赶3～5次。该方法比较费工，适合离家近且种植面积小的果园。

（2）声音驱鸟　指制造惊吓声音驱赶鸟类的方法，包括播放鸟的惨叫声、天敌的叫声及燃放丙烷炮、信号枪、鞭炮等。声音设施应放置在果园的周遍和鸟类的入口处，以便利用风向和回声增强防鸟效果。

1）燃放鞭炮。在鸟类出现频繁的时间和地燃放鞭炮，每隔30分1次，吓走危害的鸟类。有条件的果园也可使用煤气驱鸟炮，利用煤气爆炸产生的巨大声音把鸟类吓跑，但在居民区、飞机场等附近严禁使用。

2）自制简易设施。将鞭炮声、敲打声、鹰叫声以及鸟类的惊叫、悲哀、恐惧和天敌的愤怒声等，用录音机录下来，在果园内不定时地大音量播放，以随时驱散鸟类。

3）智能语音驱鸟器。国家农业信息化工程技术研究中心针对果园鸟害发生的特点，根据仿生学原理，研制出智能语音驱鸟器。它不仅可以用鸟类恐惧、愤怒的声音驱赶鸟类，还能利用这些声音吸引天敌。也可将炮鸣声等制作成电子模块，效仿上述方法。

发声装置放置的地点应经常变换，让鸟类无规律可循、无隙可乘。

（3）视觉驱鸟　用于惊吓鸟类的视觉设施包括反光设施、运动的物体、假人和天敌模型等。

1）反光设施。在行间铺设反光膜、鸟害比较严重的树体上空悬挂彩色闪光条或废旧光盘等反射的光线，可刺激鸟的眼睛，使其在阳光充足的天气下不敢靠近果树，起到驱鸟的作用。

2）运动的物体。英国则利用风车进行驱鸟，风车的叶片长0.9米，叶片涂上特殊紫外线反射漆，轻微的风都可以使叶片转动，风车安装在高出树冠的立杆上。

3）假人和天敌模型。在果园视角较好的位置放置假人、假鹰，或在果园上空悬挂画有鹰眼、猫眼等图像的气球以及鹰风筝，可在短期内防止害鸟入侵。该类措施一般在鸟类开始啄食果实前及早设置，以便使某些鸟类迁移到别处筑巢觅食。

（4）化学药剂驱鸟　指在果实上喷洒或果园内悬挂鸟类不愿啄食或感觉不舒服的氨茴酸甲酯等生化物质，迫使鸟类到其他地方觅食。当樱桃果实发黄时开始施用，5～7天喷施1次，采收前7天内禁止使用。

（5）设置防鸟网　防鸟网是防治鸟害较有效的方法。对树体较矮的果园，于樱桃发黄前在果园上方0.75～1.0米处搭建由ø4毫米铁丝纵横交织的网架，网架上铺设用尼龙或塑料丝作的专用防鸟网。网的周边垂至地面并用土压实。也可在树冠的两侧斜拉尼龙网。果实采收后将防鸟网撤除。此外，防鸟网还可以与防雨棚、防雹网等设施相结合，起到多重作用，减少设施的单项投入。

综上，充分了解鸟类的行为是有效防控鸟害的重要前提。在鸟类建立领域之前，综合应用各种方法，提前防止或减少鸟类在樱桃园的活动。鸟类适应性强，对单一运动或声音模式反应迅速，且年际间、区域间鸟类的危害模式差异较大，不同鸟类对不同驱赶措施的反应不同，应根据实际情况，采用不断变化的防治措施，使其无规律可循。鸟类在任何情况下，都会设法取食，即使设置防鸟网，也会设法通过网孔。因此，各产区应根据鸟类危害的实际情况，有针对性地研制高效、持久、耐用、实用的防鸟措施及装置。

81. 大樱桃旅游采摘园有哪几种模式？

根据园区建设规模、园片大小、园区周围地理环境以及是否附带其他农牧水产种养、加工及餐饮娱乐等，分为简易采摘园模式、"园中园"模式和"三产融合"模式。

（1）简易采摘园模式　单一的樱桃小型采摘园，可以是露地生产园，也可以是设施栽培园，或二者兼具。设施栽培园区，除了樱桃之外，也可搭配其他的园艺作物，如草莓台阶式立体设施栽培、蔬菜设施有机栽培等。简单纯粹的旅游采摘园，有停车场、无餐饮娱乐等配套基础设施。

（2）"园中园"模式　樱桃露地生产园中包含一个旅游采摘园片，露地或露地与设施相结合属中型果园。采用现代技术建园，现代化肥水设施，有或无餐饮场所，旅游观光与采摘相结合，适合家庭农场经营与管理。

（3）"三产融合"模式　集生产、加工、餐饮娱乐于一体的综合大型精品示范产业园区，适合农业公司建设与经营管理。①生产：除了大樱桃种植之外，还可种植部分酸樱桃、中国樱桃（小樱桃）及路边用于观光与加工的毛樱桃，搭配种植一些草莓、蓝莓、牡丹、石榴、蔬菜等作物，以及利用山区、池塘进行畜禽及水产养殖。②加工：除了甜、酸、小、毛樱桃酒以及蓝莓酒、草莓酒、桑葚酒的酿造之外，还可加工精品包装果蔬、禽蛋及畜禽肉制品等。③餐饮娱乐：指配备餐厅、住宿、垂钓、酿酒操作等场所，利用园区生产的果蔬、畜禽及水产品、果酒、野菜等，全方位为旅游者提供餐饮娱乐服务。

82. 旅游采摘园在品种选择上应注意什么？

旅游采摘园的品种选择不同于大田生产，而是讲求多样化、优质化和特色化，以满足不同人群的需求。在品种选择上，把口感放在第一位，果个放在第二位。

在口感上，根据亚洲人大多数喜甜不喜酸的特点，分为软甜型、脆甜型、酸甜型（微酸）和常规型品种。在果色上，分为红色（红至深红色）、紫黑色、黄红色（黄底着红晕，果农习惯称黄色）、纯黄色和白色品种（毛樱桃中个别品种，大樱桃尚未见到）。有的品种，如黑珍珠，果实红色时即可采摘，随着时间的推移，发展成深红色，再进一步变成紫黑色，紫黑色时果肉也不软。先锋品种也是这一类型，果实呈紫黑色时，可溶性固形物含量显著增加，又脆又甜。在果个上，选择大型果和中型果，一般不选小型果，除非是特色果。在果柄长度上，虽然在大田常规生产上分为短把、中把和长把，生产者和经营者比较喜欢中短把，但在旅游采摘园中，有特色的长把品种，如月山锦，是可以选择栽培的。对于果与柄易分离（果农称容易掉把）的品种，最好不要选择，除非有特色。在成熟期上，分为极早熟、早熟、中熟、晚熟和极晚熟品种。为拉长旅游采摘期，采摘园内，从极早熟到极晚熟品种都应具有。对于一些口感较好，但在生产上遇雨易裂果的品种，如布鲁克斯，可以选择，但需每两行集中栽培，以便搭建简易避雨设施。

适合旅游采摘，从极早熟到极晚熟的品种推荐如下：福晨－瓦列里、福玲－红灯、冰糖樱、明珠－布鲁克斯－福星、美早－萨米脱、月山锦、艳阳－黑珍珠、福阳－福翠、冰糖脆－斯帕克里、拉宾斯－福金、红手球、晚丰。

九、樱桃园新型农业机械化与自动化设施及设备应用

1. 农用运输车

包括三轮农用运输车（图36）、四轮农用运输车和手扶拖拉机等，主要用于果园施肥、果品运输。

图36　三轮农用运输车

2. 旋耕机

包括手扶式果园行间旋耕机（图37）和大型平整园土旋耕机，主要用于耕翻果园表层土壤，使园土疏松透气。国内一些公司研发出开沟、施肥、旋耕一体机。

图 37　手扶式果园行间旋耕机

3. 割草机

割草机主要用于果园行间除草，有柴油机和汽油机之分。其刀片利用发动机的高速旋转输出速度大大提高，有效降低人工成本，主要有背负式割草机（图38）、手推式割草机、驾驶式割草机、遥控式割草机。

图 38　背负式割草机

4. 肥水一体化设备

肥水一体化设备(图 39)是为实现果树科学灌溉而研发的智慧灌溉产品,主要由核心控制单元、肥料配比单元、水肥混合单元、肥料投加单元、过滤单元等组成,能够实现节水节肥、省时省工、提高作物品质的目的。有些地区根据实际情况,研发出简易肥水一体化设备进行灌溉施肥,针对没有灌溉条件的地区,可采用肥水一体化施肥车,既可以与滴灌、喷灌配合施用,也可以与施肥枪配合施用。

图 39　肥水一体化设备

5. 断根机

本机器用于锯断泥土中的树根,主要用于林木移栽过程中带土根球的挖取、装桶或淘汰林木的采伐更新,也可用于盛果期果树根系修剪。

6. 预冷设备

果实采后及时预冷（图40），将果实温度在短时间内降至适宜的温度，可有效降低果实的呼吸强度，减少有机物质的消耗。及时预冷是水果采后保鲜非常重要的生产环节。预冷水果可以延长至少1倍以上的货架期。目前应用较多的是冷水作为流动介质，对水果进行降温。也可采用冷风库进行降温，但耗时较长。

图40　水预冷设备

7. 分选设备

为提高樱桃分拣的速度，按照樱桃直径、重量、颜色等指标进行分级的专用设备（图41），目前应用较多的是冷水作为流动介质，可显著提高樱桃分拣效率。

图 41　大型分选设备

十、病虫害安全、环保与综合防治措施

1. 大樱桃病虫害防治的主要原则有哪些?

大樱桃的病虫害,要坚持预防为主、综合防治的方针,通过选育抗病品种,加强土肥水管理,增强树势,提高抗病虫能力,选用高效、低毒、低残留、无公害的农药,尽量保护天敌,生产绿色樱桃。要多采用杀虫灯、粘虫板、诱剂灯等生物方法。

2. 大樱桃流胶病的致病因子是什么?

大樱桃流胶病是真菌引起的,生理因素和伤口会加重流胶的发生。国家公益性行业樱桃科研专项的项目组成员董向丽教授确定有7种真菌可引起大樱桃流胶病,它们分别是贝伦格葡萄座腔菌、细极链格孢菌、拟茎点霉、黑腐皮壳属苹果腐烂病病菌、尖孢炭疽菌、胶孢炭疽菌和镰刀菌,其中贝伦格葡萄座腔菌和细极链格孢菌为主要致病菌,两者在大樱桃园中出现的频率分别为33.33%和28.57%。锯口、剪口、虫口等各种伤口,涝害、冻害、干旱不是致病的直接原因,但能造成树势衰弱,侵染加重。

3. 大樱桃流胶病的发病症状有哪些?

大樱桃流胶病(彩图17)的发病症状有以下几方面。枝干受害后,表皮组织皮孔附近出现水渍状或稍隆起的疣状突起,用手按,略有弹性,后期水泡状隆起开裂,下部皮层或木质部变褐坏死、腐朽,从中渗出胶液,初为淡黄色半透明稀薄而有黏性的软胶,树胶与空气接触后逐渐变为黄色至红褐色,呈胶冻状,干燥后,变成红褐色至茶褐色硬块,质地变硬呈结晶状,吸水后膨胀成为冻状的胶体。如果枝干出现多处流胶，或者病组织环绕枝干一周，将导致以上部位死亡。当年生新梢受害，以皮孔为中心，产生大小不等的坏死斑并流胶。果实发病时，果肉分泌黄色胶质溢出果面，病部硬化，严重时龟裂。

4. 大樱桃流胶病如何防治?

（1）农业防治

1）加强抗性育种。培育抗流胶病的砧木及品种，是解决樱桃树流胶病的根本途径。生产上可选择抗流胶病强的品种，如黑珍珠、红灯、美早、拉宾斯、早大果等；选择抗流胶病强的砧木，如马哈利、烟樱3号等。

2）加强栽培管理，提高树体抗病能力。选择地势高、透水性好的沙质壤土建园，避免在黏性土壤、盐碱重的土壤建园。采用高畦起垄栽培模式，雨季及时排水，严防园内滞水。改变灌水制度，采取滴灌、渗灌或沟灌方式，禁止大水漫灌。防止果园特别干旱，避免旱涝交替。增施有机肥，改善土壤通气状况。对于酸化土壤需补充钙镁养分，平衡施肥，如每亩施入200千克57%硅钙钾镁肥，既可补充中微量元素，又能解决土壤酸化的问题；对于钙含量充足的土壤，主要措施是提高土壤保水能力，促进新根生长，强壮树势，合理负载。

3）尽量减少各种伤口。合理修剪，锯口涂抹愈合剂，避免拉枝形成裂口。日常管理尽量避免机械创伤。主干与大枝涂白，防止冻害、日灼。防治枝干病虫害，减少各种虫口。避免树体早期落叶。

（2）化学防治

1）萌芽前，喷布5波美度石硫合剂或40%氟硅唑水剂500倍液、21%菌之敌水剂（过氧乙酸）100倍液、5%辛菌胺水剂（菌毒清）50倍液。

2）采果后，结合防治叶部病害，喷2～3次的40%的氟硅唑水剂4 000倍液，10%苯醚甲环唑粉剂2 000倍液，25%吡唑醚菌酯粉剂2 500倍液。喷药时，要把主干、主枝喷湿，药液要喷匀。

3）秋季落叶前，喷铜制剂，如波尔多液或21%喹啉铜粉剂200倍液，喷2～3遍。对已患病树，在早春，刮去胶斑，伤口涂抹40%氟硅唑200倍液，或21%的过氧乙酸5倍液，或灰铜制剂（100克硫酸铜、300克氧化钙、1 000克水），或者用生石灰10份、石硫合剂1份、食盐2份和植物油0.3份，对水调成糊状涂抹。

5. 大樱桃根颈腐烂病的致病因子是什么?

烟台农业科学院李淑平等通过对烟台地区大樱桃根颈腐烂病菌进行分离、回接,并经 ITS 序列分析鉴定,首先确定撕裂蜡孔菌为樱桃根颈腐烂病致病菌。该菌在 pH 3.0 ～ 11.0 均能生长,在 pH 4.0 ～ 7.0 生长较快,生长最适宜 pH 为 6.0,最适生长温度为 32 ～ 34℃,最高生长温度 38℃,致死温度 42℃,在 4℃时,病菌仍可缓慢生长。紫外线照射可显著抑制菌丝生长。

其后又鉴定出赤球丛赤壳、粗毛栓菌属白腐菌、尖孢镰刀菌、拟茎点霉属 4 种病菌,也可引起樱桃根颈腐烂病。

6. 大樱桃根颈腐烂病的发病症状如何?

该病发生在大樱桃的根颈处(彩图18),感病部位的树体皮层褐变,失去运输功能。发病初期树体上部症状不明显,开花、展叶、坐果、果实大小和产量无明显异常,但可以发现部分结果主枝新梢不抽枝或新梢很短,有的整株果树新梢生长很短或根本无新梢,冬季花芽冻死比率高。一般侵染 3 ～ 5 年,树势明显衰弱,叶芽萌发晚,叶片发黄卷曲。4 月中旬后,部分挂果的枝条开始萎蔫,果实比正常树上的果实明显偏小,而且色泽较白,无光泽。此时若用刀子划开根颈部位,可见树皮褐色、腐烂,韧皮部和木质部腐烂变褐,树体根颈部位皮层多腐烂一周。病势较重的树体,主干枝陆续枯萎,直至整株死亡(彩图19)。

7. 大樱桃根颈腐烂病如何防治?

(1)农业防治

1)土壤防控技术。培肥沙质土壤,改良黏重土壤,提高通透性。重施有机肥,果园行间生草,填埋秸秆,使用 40%钙镁肥料粉剂和 10%偏硅酸钾粉剂,疏松土壤,提高树体的抗病能力。增施优良生物有机肥,有效改良土壤菌群结构。

2)完善果园排灌系统。采用滴灌或喷灌,实行台式栽培,避免病菌传播。

3)栽培措施。定植时嫁接口应高于地面 10 ～ 15 厘米,根颈部位套塑料管或硬纸管进行防护。

4）根颈防护。春季土壤解冻后，将根颈部位土壤扒开，晾晒根颈部，降低根颈部位的湿度，创造一个不利于发病的环境条件。初冬时将土壤返回根颈部位，并筑土保护，使根颈部位位于冻土层以下。

（2）化学防治

1）药剂防治。在生长季节给叶片喷药时，尽可能地把根颈周围的树盘喷湿，以消灭地下有害病菌，减少病菌侵入；在浇水或雨前每株用 600 克生石灰均匀撒于树盘，既能较好地杀死地下病菌，又能起到补充钙质的作用；树干涂白或喷石灰水降低树干的昼夜温差，预防冻害；注意防治地下害虫。

2）及时检查。对患病树邻近植株及时检查，春季扒开根颈部位土壤后，逐树检查根颈皮层。发现病树后，彻底刮除腐烂部位，不但要刮尽变色组织，而且要刮去 0.5 厘米的健康组织，对病变已达木质部，木质部变成淡褐色的要连同木质部表层刮尽坏死组织，然后涂药防治，药剂可选用 50％多菌灵可湿性粉剂 200 倍液或 43％戊唑醇可湿性粉剂 500 倍液。处理后把病害部位暴露在空气中，同时用 50％多菌灵可湿性粉剂 500 倍液或 43％戊唑醇悬浮剂 500 倍液进行灌根，根据树体大小，每株树灌 10 千克左右。

8. 大樱桃根癌病的致病因子是什么？

大樱桃根癌病的致病菌为根癌土壤杆菌，也称土壤杆菌属和根瘤菌属，是不同于根瘤菌科的革兰阴性菌。可引起植物根部皮层肿大。

烟台农业科学院从烟台当地分离到的大樱桃根癌病原细菌以 A. tumefaciens 生物Ⅱ型为优势种群，占 69.75％；生物Ⅰ型占 30.25％。

根癌病原细菌发育最适温度为 25 ～ 28℃，最高 37℃，最低 0℃，致死温度为 51℃。发育 pH5.7 ～ 9.2，最适 pH7.3。

9. 大樱桃根癌病的发病症状如何？

根癌病（彩图 20）可发生在树体的多个部位，通常见于根颈处、侧根及主根上、嫁接口处。病瘤为球形或扁球形，初生时乳白至乳黄色，逐渐变为淡褐至深褐色。瘤内部组织初生时为薄壁细胞，愈伤组织化后渐木质化，瘤表面粗糙，凹凸不平。往往几个瘤连接形成大的瘤，导致树体衰弱，大根死亡，树干枯死继而引起全株死亡。侧根及支根上的根瘤不会马上引起死树，栽培条件改善，植株健壮的根瘤往往自行腐烂脱落，不再影响植株生长发育。

感染根癌病的植株，由于树势衰弱，长梢少，往往形成大量短枝并形成大量花芽。根癌病较轻时，可正常开花结果，且坐果率很高，但花期略晚，展叶也迟，果实可正常发育。根癌较重时，在果实发育硬核期造成植株突然死亡。

10. 大樱桃根癌病如何防治？

大樱桃树体一旦感染根癌病后，没有药剂可以治疗。根癌病的防治重点在于预防。可以从以下几个方面着手：

（1）选用抗根癌病砧木　马哈利和烟樱 3 号是高抗樱桃根癌病的砧木。

（2）不用带瘤苗木建园　苗木定植前用 K84 生物菌制剂 2 倍液或 72%农用链霉素可溶性粉剂 1 000 倍液进行蘸根。

（3）加强栽培管理　田间除草、施肥等作业时尽量防止造成伤口；降低地下水位、改良黏质土壤；使土壤环境不利用病菌生长。采取滴灌、渗灌等技术，防止病菌随水传播。大量施用含有益活性菌的生物有机肥，改善土壤微生物结构。

11. 大樱桃褐斑病的发病症状如何？

大樱桃褐斑病（彩图 21）主要危害叶片，有时危害叶柄和果实。叶片受害后产生褐色或紫色不规则坏死斑，叶背面产生粉色霉点，病叶易早落。

12. 大樱桃褐斑病如何防治？

加强栽培管理，使树势中庸健壮，提高树体抗病性。秋季彻底清扫落叶，翻耕园内土壤，减少越冬病菌数。春季萌芽前喷施 1.8%辛菌胺水剂 100 倍液，铲除越冬菌源。

生长季，待见到叶片上有斑时开始防治，前期喷有机杀菌剂，如 70%丙森·多可湿性粉剂 800～1 000 倍液、40%多·锰锌可湿性粉剂 800～1 000 倍液，涝雨季节喷 2 遍 150 倍等量式波尔多液。

13. 大樱桃褐腐病的发病症状如何?

大樱桃褐腐病(彩图22)主要危害樱桃的花、叶、枝,但以危害果实最为严重。花朵发病时,花瓣变成褐色干枯。果实从幼果期就可受到危害,接近成熟和成熟期发病重。幼果发病时果面发生黑褐色圆形斑点,后病斑扩大,后病斑扩大果肉为茶褐色病斑,不软腐。成熟果发病时,果面初现褐色小斑点,后迅速蔓延引起整果软腐,表面长出黑色霉层,病果成为僵果悬挂树上。

14. 大樱桃褐腐病如何防治?

①物理防治。消灭菌源,结合修剪,清除病叶、病果、病枝,清扫枯枝落叶,集中烧毁或深翻,同时深翻土地,改造郁闭园,改善果园通风透光条件,防治园内湿度过大。及时防治病虫害,减少虫伤口。②药物防治。发芽前喷5波美度石硫合剂,花前或花后喷50%喹啉铜可湿性粉剂2 500倍液;发病严重时,可喷70%多·乙可湿性粉剂800倍液。

15. 大樱桃干腐病的发病症状和传播途径如何?

(1)发病症状 干腐病(彩图23)多发生在主干、主枝上。发病初期,病斑暗褐色,不规则形,病皮坚硬,常溢出茶褐色黏液;后病部干缩凹陷,周缘开裂,表面密生小黑点,可烂到木质部,枝干干缩枯死。

(2)传播途径 病菌主要以菌丝体、分生孢子器和子囊壳在病树皮内越冬,翌春病菌直接以菌丝扩展危害,或产生孢子靠风雨传播,从伤口、枯芽、皮孔侵入。该菌寄生力弱,具潜伏侵染特点,干旱年份和树势弱时发病重,树势恢复后,该病则停止扩展。

16. 大樱桃干腐病如何防治?

(1)加强栽培管理 多施有机肥增强树势,涂药保护伤口,防止冻害。及时检查并刮除病斑,刮除后涂21%过氧乙酸水剂5倍液等药消毒保护。

(2)发芽前 用愈合剂原液,涂抹剪口、锯口或伤口。保护伤口不受冻害。全树喷1次21%过氧乙酸水剂200倍液,保护伤口不被侵染。对干腐病,割去病皮，涂抹 1.8%辛菌胺水剂 5 倍液，或用小刀纵向划刀，直接涂抹 21%过氧乙酸水剂原液。

17. 什么是樱桃茎腐病？

（1）**致病菌原** 樱桃茎腐病的病原菌为烟草疫霉。

（2）**发病条件** 樱桃茎腐病的发生与温度、降水量和湿度密切相关，在 7 月多雨的年份容易大发生。烟台地区樱桃茎腐病的发生与温度、降水量和湿度密切相关，大爆发于高温多雨年份的夏季。

（3）**田间发病症状** 樱桃茎腐病主要危害樱桃苗叶片和新生幼嫩枝条茎部。在田间，病原菌孢子入侵后，叶片首先表现出症状，从接穗新梢下部叶片开始，逐渐向上扩展。感病叶片表面出现多个近圆形病斑，病斑为褐色，中间有枯白色圆心；病斑沿叶脉和边缘迅速扩展，病斑相连后，几天内便可危害整个叶片，导致叶片干枯死亡。病原菌直接侵染或沿着感病叶片的叶柄侵染樱桃新梢茎部，产生褐色病斑，病斑迅速扩展，当围绕茎部扩展一周时，新梢死亡。

18. 大樱桃主要病毒病有哪些？

樱桃病毒病主要引起树体衰弱、叶片卷曲、花叶或环斑、果实畸形或小果、树势衰弱、产量降低以及病害严重，如流胶、根癌病易发生，甚至树体死亡等现象。近年来，在我国随着大樱桃的栽培和发展，病毒病也逐渐成为影响其产量和品质的重要因素之一，如李属坏死环斑病毒侵染大樱桃可使果园减产 25%～50%，有些株系造成减产可达 50%以上，如果 2 种以上病毒复合侵染大樱桃，减产幅度更大。

樱桃病毒病的发生和危害有其自身的特点。其一，樱桃为多年生植物，一旦感染病毒，则植株终生带病毒，造成持久危害；其二，樱桃多为嫁接或扦插无性繁殖，当母株带病毒时，即可通过接穗、插条、苗木等传播扩散，且无性繁殖系数愈大，病毒传播的速度也愈快；其三，病毒侵染樱桃树后，破坏植株的正常生理代谢，导致树体生长衰退，从而影响产量和果实品质，严重时植株死亡。

19. 李属坏死环斑病毒的危害症状怎样?

李属坏死环斑病毒属雀麦花叶病毒科,在世界范围内广泛发生,主要危害李属和蔷薇属植物。李属坏死环斑病毒通过花粉、种子和嫁接传播,目前还没有发现昆虫传播介体。春季感染李属坏死环斑病毒的樱桃早期幼叶会出现表现淡黄绿色至绿色环斑,或褪绿斑,叶片展开期坏死斑脱落造成穿孔症状,穿孔孔洞边缘微微突起;有的植株呈现粗缩花叶症状;有的植株在春季并没有发现明显症状,个别叶背有耳突。受李属坏死环斑病毒危害后,樱桃树势减弱,有主干或枝条流胶现象,产量降低,甚至死树。樱桃树一旦被李属坏死环斑病毒感染,表现较为稳定,较少受环境影响。感染后的前 1～2 年为冲击型症状,叶面可整个坏死;强毒株系侵染时会使幼树致死。早春是病害症状始发期,随后快速增长,到果实成熟期达第一个发病高峰;随后由于夏季气温偏高,抑制病害发生,处于稳定期;至秋季 9 月有一个小高峰,以后趋于平稳。

20. 樱桃卷叶病毒的危害症状怎样?

樱桃卷叶病毒为豇豆花叶病毒科线虫多面体病毒属 C 亚组。1955 年首次在英国大樱桃上发现,寄主范围广泛,包括接骨木、橄榄树、树莓、胡桃等36 种植物。通过种子、花粉、嫁接传播,也可通过机械摩擦传播给草本植物,不能通过地下线虫传播。受该病毒侵染的樱桃树展叶和开花延迟,且数量减少。花梗短,其长度仅为健康花梗的一半。叶片边缘向上卷缩,病枝摇动易折断。有些品种的叶片,生长早期呈紫红色。大樱桃的实生苗、马扎德 F12/1 砧木苗和"宾库"品种的叶片会产生绿色环斑。若病树与李属矮化病毒复合侵染,则果扁、绿色增生等症状加重。易感病品种树皮开裂且流胶,病枝枯死。

21. 樱桃小果病毒的危害症状怎样?

樱桃小果病毒是 1933 年首次在加拿大英属哥伦比亚的东部发现的,寄主主要为桃、李、杏、樱桃、山樱花等多种李属植物,可以通过汁液、嫁接、根蘖、苹果粉蚧等传播。樱桃小果病毒易引起樱桃小果病,在果实上的症状深红色品种比浅红色品种重,白色品种比黑色品种轻。生长季开始时,果实发育正常,至采收时,病果仅及正常果的 1/3～1/2,畸形,着色浅,呈暗红色或粉红色,成熟期延后数周，味淡，市场价值很低。叶片症状一般先出现在新梢下部，感病叶片的叶脉间出现红褐色或紫红色斑驳，叶脉及中脉保持正常绿色，夏末和秋季表现得最为明显。缺锌会加重樱桃小果病症状。樱桃小果病症状的严重程度，因品种、年份、地区和果园而有变化。

22. 小绿叶蝉的危害症状如何？如何防治？

小绿叶蝉（彩图24）又名桃一点叶蝉、一点叶蝉、桃一点斑叶蝉，俗名浮尘子，属同翅目叶蝉科。在国内长江和黄河流域果树上普遍发生，主要危害樱桃、桃、李、杏、苹果、梨、葡萄等果树，也危害月季、桂花、梅花等。

（1）危害症状 以成虫、若虫刺吸植物汁液危害。早期吸食嫩芽、叶和花。落花后在叶片背面取食，被害叶片出现失绿白色斑点。严重时全树叶片呈苍白色，提早落叶，树势衰落。成虫产卵在枝条树皮内，造成枝干损伤，水分蒸发量增加，影响安全越冬，引起抽条或冻害，影响翌年花芽发育与形成，而且还可以传播果实病毒病。

（2）防治方法

1）人工防治。果树落叶后，彻底清扫园内杂草、落叶，集中深埋或投入沼气池，以消灭越冬虫源。利用成虫趋光性，设置星光灯诱杀成虫。

2）化学防治。在春季樱桃树萌芽时发现叶蝉发生危害，用10%吡虫啉可湿性粉剂4 000倍液，或3%啶虫脒乳油2 500倍液，或25%吡蚜酮悬浮剂2 000～3 000倍液，均匀喷洒叶片；夏季樱桃采果后，叶蝉发生初盛期，树上喷洒4.5%高效氯氰菊酯乳油2 000倍液。

23. 大青叶蝉的危害症状如何？如何防治？

（1）危害症状 大青叶蝉（彩图25）又称大绿浮尘子、大绿叶蝉等，危害苹果、梨、桃、枣等多种果树及林木树种和多种蔬菜，食性杂。在果树上刺吸危害枝条和叶片等，但危害作用最大的是成虫在枝条皮层内产卵，破坏皮层，可以造成死枝、死树，尤其对幼树危害更严重。晚秋成虫成群结队地在幼树枝条上产卵，用产卵器刺破表皮深达内皮层，产下1排卵，形成1个月牙形皮层鼓起的鼓包，内藏卵10余粒，呈香蕉状排列。内侧留1条弯曲的缝。卵包顺枝条竖向排列，很少有横向的。当年生新梢上最多。以卵在果树枝条皮层内过冬。

（2）防治方法

1）物理防治。夏季夜晚灯光诱杀成虫。

2）人工防治。喷白保护树体，1～5年生幼树园，当第三代大青叶蝉产卵期间，果树尚未落叶，不宜在枝干上涂白，可用喷白法代替。

3）农业防治。幼树园和苗圃地附近不要种秋菜，以防招引成虫到果树上产卵造成危害。很多幼树园因种菜而大青叶蝉大肆危害，造成死枝、死树，甚至果园毁灭。

4）化学防治。在第三代成虫向果树转移前喷药，喷20%氰戊菊酯乳油2 000倍液、4.5%高效氯氰菊酯乳油1 500倍液。自9月下旬至10月上旬每隔10天左右喷1次药，效果较好。对果树、间作物、诱集作物、杂草同时喷药。

24. 金龟子有何危害？如何防治？

通常情况下，在大樱桃上发生危害的金龟子主要有两种，即苹毛金龟子和黑绒金龟子。金龟子俗称铜壳螂、瞎撞子、老鸹虫，属鞘翅目，鳃金龟科，可危害桃、李、樱桃、苹果、梨等多种果树，也危害大田作物、杂草、林木。分布广，在黄河故道区果园内发生普遍。

（1）危害症状　以成虫咬食果树的幼芽、嫩叶、花蕾和果实（彩图26、彩图27），使花瓣和叶片呈缺刻状，有时全部吃掉一朵花或一张叶片；幼虫为蛴螬，在地下取食幼根和根系皮层，引起死树。

（2）防治技术

1）人工防治。秋冬季节，结合施肥深翻土壤，破坏土室可使虫体干死或让鸟类啄食。清除果园及四周杂草，施用充分腐熟的肥料。成虫有假死性、趋化性和趋光性，因此防治该虫时利用假死性人工振落捕杀，并用糖醋液和黑光灯诱杀。

2）生物防治。幼虫发生期，土壤浇灌昆虫病原线虫液或白僵菌液，使其侵染幼虫致病死亡。

3）化学防治。发生严重的果园，在开花期，可以对树冠下的土壤进行药剂处理。一般选用，地面撒施5%辛硫磷颗粒剂，每亩3.3千克，撒后浅锄地面。成虫危害严重时，树上喷洒50%辛硫磷乳油800倍液，或4.5%高效氯氰菊酯乳油 2 000 倍液。

25. 山楂叶螨有何危害？如何防治？

山楂叶螨又称山楂红蜘蛛、红蜘蛛等（彩图 28），主要危害桃、樱桃、苹果等多种果树。

（1）危害症状 山楂叶螨以成螨、幼螨、若螨吸食芽、叶的汁液。被害叶初期出现灰白色失绿斑点，逐渐变成褐色，严重时叶片焦枯，提早脱落。越冬基数过大时，刚萌动的嫩芽被害后，流出红棕色的汁液，芽生长不良，甚至枯死。

（2）防治方法

1）人工防治。晚秋，在树干上绑草把或纸质诱虫带，诱集害螨越冬，冬季结合清园解下烧掉。秋、冬季樱桃树全部落叶后，彻底清扫果园内落叶、杂草，集中深埋或投入沼气池。结合施基肥和深耕翻土，消灭越冬成螨。

2）生物防治。叶螨的主要自然天敌有瓢虫类、花蝽类和捕食螨类等，这些天敌对控制害螨的种群消长具有重要作用。因此果园应尽量少喷洒触杀性杀虫剂、杀螨剂，以减轻对天敌昆虫的伤害。改善果园生态环境，在果树行间保持自然生草并及时割草，为天敌提供补充食料或栖息场所。在田间害螨发生初盛期，购买并释放捕食螨或瓢虫，可按照说明书进行释放。

3）化学防治。花芽萌动初期，用 5 波美度石硫合剂或机油乳剂 50 倍液喷洒干枝。花序伸出期喷布 24％螨威多悬浮剂 4 000 ～ 5 000 倍液。落花后，每隔 5 天左右进行一次螨情调查，平均每叶有成螨 1 ～ 2 头及时喷药防治，可选用 10％吡螨胺可湿性粉剂 2 000 ～ 3 000 倍液，或 35％苯硫威乳油 600 ～ 800 倍液，或 5％哒螨灵悬浮剂 1 000 ～ 1 500 倍液防治。

26. 绿盲蝽有何危害？如何防治？

绿盲蝽别名花叶虫、小臭虫，是危害果树的一种主要害虫，食性杂，可危害樱桃、葡萄、枣、苹果、李、桃、石榴等，也危害棉花、蔬菜、苜蓿、杂草等。在国内广泛分布。

（1）危害症状 以若虫（彩图 29）和成虫刺吸樱桃树幼芽、嫩叶、花蕾及幼果的汁液，被害叶芽先呈现失绿斑点，随着叶片的伸展，被害点逐渐变为不规则的孔洞，俗称"破叶病""破天窗"。花蕾受害后，停止发育，枯死脱落。幼果受害，被刺处果肉木栓化，发育停止，果实畸形，呈现锈斑或硬疗，失去经济价值。

（2）防治方法

1）农业防治：结合冬季清园，清除园内落叶与杂草，并翻整土壤，可减少越冬虫卵，同时消灭越冬虫源和切断其食物链。

2）生物防治：绿盲蝽的主要天敌有寄生蜂、草蛉、捕食性蜘蛛等。在绿盲蝽发生期，可以在果园内释放草蛉 1 ～ 2 次。

3）化学防治：芽萌动期，树上喷洒机油乳剂 100 倍液＋40％毒死蜱乳油 1 000 倍液。若虫期树上喷洒 10％吡虫啉可湿性粉剂与菊酯类杀虫剂的混合液，最好在清晨或傍晚喷药，便于直接杀伤虫体。

27. 茶翅蝽有何危害？如何防治？

茶翅蝽又称臭木椿象、臭椿象，俗名臭板虫、臭大姐。属半翅目，蝽科。除新疆、西藏、宁夏、青海外，其他各省（自治区、直辖市）均有分布。可危害桃、杏、樱桃、苹果、梨、山楂、核桃、枣等多种果树的叶片和果实。

（1）危害症状　以成虫、若虫刺吸危害樱桃叶片、嫩梢及果实，果实受害部位细胞坏死，果肉变硬并木栓化，果面凹凸不平，形成畸形果。

（2）防治方法

1）人工防治：秋冬季节，在果园附近的建筑物内，尤其是屋檐下常集中大量成虫爬行或静伏，可人工捕杀。成虫产卵期查找卵块摘除。

2）生物防治：北京调查发现，茶翅蝽的寄生蜂有茶翅蝽沟卵蜂、角槽黑卵蜂、蝽卵金小蜂、平腹小蜂、跳小蜂，捕食性天敌有小花蝽、蠋蝽、三突花蛛、食虫虻。在茶翅蝽卵期，人工收集茶翅蝽沟卵蜂寄生的卵块，放在容器中，待寄生蜂羽化后，将蜂放回樱桃园，以提高自然寄生率。利用柞蚕卵大量繁殖平腹小蜂，在茶翅蝽产卵期释放也可以起到一定的控制作用。

3）化学防治：茶翅蝽幼若虫发生期，正值樱桃采收前后，对于发生数量较大的果园可喷药防治。药剂可选用 20％甲氰菊酯乳油 2 500 ～ 3 000 倍液、4.5％高效氯氰菊酯乳油 1 500 ～ 2 000 倍液等，应注意喷洒叶片背面。

28. 梨网蝽有何危害？如何防治？

梨网蝽（彩图30）主要危害樱桃、李、梨、苹果、海棠、山楂、杨、月季等，在我国广泛分布，日本和朝鲜也有分布。

（1）危害症状 以成、若虫群集在叶片背面刺吸危害，其排泄的粪便和产卵时留下的黑点使叶片背面呈锈黄色，叶片正面便出现许多白斑，严重影响光合作用。大量发生时可引起叶片早期脱落，影响树势和花芽形成。

（2）防治方法

1）农业防治：樱桃落叶后，彻底清理果园内及附近的枯枝落叶、杂草，集中烧毁或深埋，消灭越冬成虫。

2）化学防治：在樱桃采收后的梨网蝽发生期，树上喷洒1.8%阿维菌素乳油4 000倍液，或4.5%高效氯氰菊酯乳油2 000倍液，或10%吡虫啉可湿性粉剂4 000～5 000倍液，重点喷洒叶片背面。

29. 桑白蚧有何危害？如何防治？

桑白蚧（彩图31）又名桑盾蚧、树虱子，主要危害樱桃、桃、杏等核果类果树。

（1）危害症状 主要危害樱桃、李、杏等核果类果树，以雌成虫和若虫群集固定在枝条和树干上吸食汁液危害，叶片和果实上较少。枝条和树干被害后树势衰弱，严重时枝条干枯死亡，一旦发生而又不采用有效措施防治，则会在3～5年内造成全园被毁。

（2）防治方法 在冬季抹、刷、刮除树皮上越冬的虫体，并用黏土、柴油乳剂涂抹树干（柴油1份＋细黏土1份＋水2份，混合而成），可粘杀虫体。在发芽前喷5波美度石硫合剂，结合修剪，剪除有虫枝条，或用硬毛刷刷除越冬成虫。在各代初孵化若虫尚未形成介壳以前（5月中旬、7月中旬、9月中旬），喷0.3波美度石硫合剂，或喷20%杀灭菊酯乳油3 000倍液。

30. 梨小食心虫有何危害？如何防治？

梨小食心虫（彩图32）又称折梢虫、梨小蛀果蛾、东方蛀果蛾，简称梨小。

（1）危害症状 该虫第一代、第二代幼虫，主要危害樱桃新梢，多从上部叶柄基部蛀入髓部，向下蛀至木质化处转移，蛀孔流胶并有虫粪，被害嫩梢逐渐枯萎，俗称"折梢"。由于樱桃成熟较早，果实很少受害。

（2）防治方法

1）物理防治：建园时，尽量避免与桃、梨混栽或近距离栽植，杜绝梨小食心虫在寄主间相互转移；春季细致刮除树上的翘皮，可消灭越冬幼虫；及时摘除被害新梢，减少虫源，在果园中设置糖醋液（红糖：醋：白酒：水＝1：4：1：16）加少量敌百虫，诱杀成虫。

悬挂频振式杀虫灯从3月中旬至10月中旬，可以有效诱杀此虫。

2）化学防治：喷药防治在成虫产卵期或幼虫孵化期。在樱桃谢花后至果实采收前，当果园蛀梢率达0.5%～1%时喷药。可用2.5%溴氰菊酯乳油2 500倍液，10%氯氰菊酯可湿性粉剂2 000倍液及40%水胺硫磷乳油1 000倍液，1.8%阿维菌素3 000～4 000倍液喷施。

3）生物防治：以梨小食心虫诱芯为监测手段，在蛾子发生高峰后1～2天，人工释放松毛赤眼蜂，每亩10万头，每次2万头／亩，分4～5次放完，可有效控制梨小食心虫危害。

31. 黄刺蛾有何危害？如何防治？

黄刺蛾（彩图33）俗名洋辣子、八角虫，属鳞翅目刺蛾科。国内除甘肃、宁夏、青海、新疆、西藏外，其他省份均有分布。食性很杂，危害樱桃、李、杏、桃、苹果、枣、梨、山楂、梅、栗、柑橘、石榴、核桃、柿、杨等90多种树木和花卉。

（1）危害症状　以幼虫危害叶片。初孵幼虫群集叶背取食叶肉，形成网状透明斑。幼虫长大后分散开，取食叶片成缺刻，五六龄幼虫能将整片叶吃得仅留主脉和叶柄。严重影响樱桃树势和翌年果实产量。

（2）防治方法

1）人工防治：结合冬季和春季修剪，用剪刀刺伤枝条上的越冬虫茧及茧内幼虫。幼虫发生期，及时摘除带虫枝、叶，消灭幼虫。

2）生物防治：寄生蜂有上海青峰、刺蛾广肩小蜂、姬蜂。春季，应用天敌释放器将采下的虫茧放入其中，悬挂在果园内，使羽化后的寄生蜂飞出，重新寄生刺蛾幼虫。

3）化学防治：发生数量少时，一般不需专门进行化学防治，可在防治梨小食心虫、卷叶虫时兼治。刺蛾低龄幼虫对化学杀虫剂比较敏感，一般拟除虫菊酯类杀虫剂氰戊菊酯、三氟氯氰菊酯、溴氰菊酯等均可有效防治。

32. 红颈天牛有何危害？如何防治？

红颈天牛（彩图34）又称桃红颈天牛、红脖子天牛、铁炮虫、哈虫，属鞘翅目，天牛科。主要分布于北京、东北、河北、河南、江苏等地。主要危害樱桃、桃、李、杏等，是核果类果树枝干的主要害虫。

（1）危害症状　幼虫蛀食枝干，先在皮层下纵横串食，然后蛀入木质部，深入树干中心，蛀孔外堆积木屑状虫粪，引起流胶，严重时造成大枝以至整株死亡（彩图35）。

（2）防治方法

1）人工防治。成虫发生期（6月下旬至7月中旬）中午多静伏在树干上，可进行人工捕杀。果树生长季节，于田间查找新虫孔，用铁丝钩掏杀蛀孔内的幼虫。在红颈天牛产卵期绑草绳，可使幼虫因不能蛀入树皮而死亡。

2）物理防治。成虫产卵前，在枝上喷抹涂白剂（硫黄1份＋生石灰10份＋食盐0.2份＋动物油0.2份＋水40份）以防成虫产卵。

3）生物防治。用注射器把昆虫病原线虫液灌注到蛀孔内，使线虫寄生天牛幼虫；或于田间释放管氏肿腿蜂。另外，天牛的自然天敌还有花绒寄甲、啄木鸟，应注意保护和人工助迁。

4）药剂防治。在离地表1.5米范围内的主干和主枝上，于成虫出现高峰期（约7月中下旬）后1周开始，用40％毒死蜱乳油800倍液喷树干，10天后再喷1次，毒杀初孵幼虫。对蛀孔内较深的幼虫用磷化铝毒签塞入蛀孔内，或者用注射器向孔内注入40％毒死蜱乳油20～40倍液，并用黄泥封闭孔口。由于药剂有熏蒸作用，可以把孔内的幼虫杀死。

33. 金缘吉丁虫有何危害？如何防治？

金缘吉丁虫又名梨金缘吉丁、翡翠吉丁虫、梨吉丁虫，俗称串皮虫、板头虫，属鞘翅目吉丁甲科。国内分布于华北、华北、西北及辽宁、江西、湖北等地。危害樱桃、梨、桃、杏、李、苹果、山楂等果树。

（1）危害症状　以幼虫蛀食果树枝干，多在主枝和主干上的皮层下纵横串食。幼树受虫害部位树皮凹陷变黑，樱桃树被害状不甚明显（彩图36），表皮稍下陷，敲击有空心声，树势逐渐衰弱或枝条死亡。被害枝上常有扁圆形羽化孔。

（2）防治方法

1）人工防治。果树发芽前，结合修剪，剪除虫枝，集中烧毁，或用铁丝钩杀蛀道内的幼虫。成虫早、晚有假死性，在其盛发期，早晨可人工振动树枝，利用假死性来捕杀成虫，或夜晚用黑光灯诱杀成虫。

2）农业防治。加强栽培管理，合理肥水和负载，增强树势，避免造成伤口，减轻害虫发生。

3）化学防治。成虫羽化期，在枝干上喷布40%毒死蜱乳油1 000倍液，或4.5%高效氯氰菊酯乳油，或氰戊菊酯乳油2 000倍液。在树干上包扎塑料薄膜封闭，上下端扎口，内装磷化铝片1～3片可以杀死皮内幼虫。发现枝干表面坏死或流胶时，查出虫口，用40%毒死蜱乳油500倍液向虫道注射，杀死幼虫。

34. 果蝇有何危害？如何防治？

果蝇，属双翅目果蝇科。黑腹果蝇为腐食性，喜食腐败果实，可危害大樱桃、桃、梨、葡萄、苹果、杏等多种果实，以晚熟（6月中旬后）和软肉樱桃品种受害较重。该虫在我国樱桃产区均有发生危害，并有加重趋势。

（1）危害症状　以幼虫（蛆）蛀食樱桃果实，被害果面上有针尖大小的蛀孔，虫孔处果面稍凹陷，色较深。幼虫在果内取食果肉，并排粪于果内。造成受害果软化，表皮呈水渍状，果肉变褐腐烂（彩图37）。

（2）防治方法

1）人工防治。及时摘除树上的裂果、烂果，捡拾树下的落果，带出园外集中深埋，彻底清理樱桃园内烂果堆、粪堆、烂菜等腐败植物和垃圾。樱桃果实完全成熟散发出来的甜味对成虫具有很强的吸引力，生产上可适当提前采摘果实。

2）物理防治。用糖醋液诱捕，每亩樱桃园悬挂5～10个诱捕器。糖醋液配制比例糖∶醋∶酒∶水为1∶1∶4∶15，混匀后装入广口的瓶内，作为诱器。

也可采用蓝色粘虫板诱捕。

3）化学防治。在樱桃果实膨大着色至成熟前，选用1.82％胺·氯菊酯烟剂按1∶1对水，用烟雾机顺风对地面喷烟，熏杀成虫，或选用40％乐斯本乳油1 500倍液、4.5％高效氯氰菊酯乳油2 000倍液，每间隔7天，对园内地面和周边杂草丛喷施。果实采收后，用0.6％苦内酯水剂（清源保）1 000倍液对树上喷施，重点喷施树冠内膛。

十一、采后增值措施

1. 采收后果实的处理流程是怎样的?

果实的处理流程是指为了维持果实商品质量、降低腐烂率,而采取的一系列技术措施的总称,包括适期采收、预冷、分级、包装、储藏保鲜、冷链物流等。

2. 如何进行果实预冷?

预冷是保证大樱桃采后储藏保鲜和长途运输的第一个环节,通过及时预冷处理,可以大大降低呼吸强度,减少储运期间因呼吸强度过高而产生热量,减少水分散失,保持果实硬度,降低腐烂率,维持果实品质,提高储藏和货架品质。

预冷方法以冷水预冷为主。冷水预冷具有降温速度快(一般只需几分或者十几分)、果实不失水、遇冷后果实保鲜质量好的优点,是当今主要采用的预冷方法。采收后1小时内运送到水预冷站进行第一次水预冷,水冷前在预冷水中添加氯化钙(浓度0.5%),使用0℃水在几分内将樱桃果实温度从21～26℃降到7℃。

3. 如何进行果实分级?

大樱桃分级的标准因品种而异,一般在果形、色泽、病虫害、机械损伤等方面符合要求的基础上,在按照果实横径的大小进行分级。2013年,农业部颁布了《农产品等级规格樱桃》(NY/T 23022013),2013年8月1日实施,规定横径≥27毫米为大果、21.1～26.9毫米的为中果、≤21毫米的为小果。但是标准中没有按照不同品种的果实特性进行分类,对于大型果美早而言,纵径27毫米的属于中果或小果,所以不同商家之间的分级水平存在差异。

分级方法包括人工分级、机械分级、光电分级 3 种。①人工分级是最初级的分级方法，标准难以保持一致，果实大小、色泽差异较大，且因人而异，分级效率低。②机械分级是按照平行间距分级，设备成本相对较低，一般分成 5～6 个级别，对果实分级准确率为 55%～65%，对果实造成的机械伤害小，而且整个机械分级过程樱桃始终处于低温水中，对保持品质非常有利，但无法把变软的果实分出来，需要较多辅助人工。③光电分级是按照照片数据确定果实大小，根据大小、色泽、硬度、缺陷情况分级，一般分成 8 个以上级别，分级准确率可达 85% 以上，处理更加轻柔，对果实伤害更少，且能有效去除有问题的果实，对出口有利，但设备成本高。光电分级近年来在美国、澳大利亚等国樱桃分级中的应用逐渐增多。

4. 包装与托盘运输

先将大樱桃专用保鲜袋放入包装箱内，然后将分级后的樱桃按级别类型放入保鲜袋中，封箱。加保鲜袋的目的，一是维持袋中小环境空气相对湿度稳定，二是隔绝外界与袋内空气交换，抑制病菌活动。在包装上标明品种、级别、生产者、包装日期等，并将小包装放入到大包装箱中，包装好后进行托盘包装运输。

5. 冷风库储藏，入储前库房如何处理？

（1）库房消毒　为避免樱桃在储藏期间遭受外源病菌的侵染，必须对库房进行彻底消毒。消毒方法主要有：①甲醛溶液熏蒸法。②硫黄熏蒸法。③CT-库房消毒烟剂（国家农产品保鲜工程技术研究中心生产）。④高锰酸钾与甲醛溶液熏蒸法。其中以 CT-库房消毒烟剂效果最好，安全性最高。在樱桃入库前 3 天，密闭库房熏蒸 24～48 小时后，打开库房通风。

（2）空库降温　在入储前 1 天对消毒后的库房进行降温 24 小时，使库温降至储藏温度。

（3）果实预冷　将分级包装好后的托盘运送到预冷间，进行最后的预冷降温，使果实温度降至 1～2℃，降低果实生理活动和抑制病菌活动，延长保质期，确保储藏质量。

6.如何进行低温储藏?

(1)温度 低温储藏可以降低大樱桃的呼吸及其他代谢活动,减少水分消耗,延缓成熟、组织软化以及颜色变化,增强对病原微生物侵入引起变质的抵抗能力,能够有效地保持大樱桃的新鲜度。冷库储藏樱桃所需的温度一般在 $-1 \sim 1℃$,因品种不同而略有差异。通过 10 年的储藏经验,大樱桃的最适储藏温度为 $-0.5 \sim 0.5℃$。此温度环境既避免了果实的冻害,又抑制了病菌感染和果实腐烂,保持了樱桃固有的色泽和风味。

(2)湿度 储藏大樱桃的空气相对湿度要求在 $90\% \sim 95\%$。湿度过大,容易引起霉菌滋生、大樱桃腐烂;湿度过低,会造成果实失水萎蔫和果柄皱缩,影响外观,此时要及时向地面加水或者库房墙上挂湿帘,增加空气相对湿度。

(3)码垛 把预冷好的托盘进行码垛。对于泡沫盒包装,通常采取"五五码垛"法,即每层五箱,第一层横二竖三,第二层竖三横二,依次向上交错码垛,盒与盒之间留有 5 厘米左右的缝隙。码垛高度一般在 $10 \sim 12$ 个泡沫盒高;高大库房,搭架、分层储藏。垛与垛之间留出通风道 $10 \sim 20$ 厘米。库房中留出人行通道 $50 \sim 60$ 厘米,以方便抽样检查。库房中的樱桃应根据成熟度大小和出库顺序进行摆放,成熟度小和晚出库的放在里面,成熟度大和早出库的放在外面。

7.如何预防储藏期病害的发生?

(1)储藏期间的主要病害 大樱桃储藏病害分为两种:一种为生理性病害,另一种为病理性病害。①生理性病害是由于果实自身代谢紊乱而引发的品质变化,主要有低温伤害、二氧化碳中毒和低氧伤害,主要症状表现为软化、褐变、表面凹陷、水渍状斑和有异味等。②病理性病害是由病原真菌侵染引起腐烂变质,常见有灰霉病、褐腐病和软腐病等。

(2)防控措施 萌芽前全园喷布 5 波美度石硫合剂,果实发育后期喷 21%过氧乙酸水剂 500 倍,杀灭褐腐、灰霉、软腐等病菌,但采前 7 天不要喷药。采后及时预冷,将采收后的大樱桃及时放预冷间,温度控制在 $2℃$,预冷 24 小时后降至 $0℃$,能有效控制病原菌活动。严格控制储藏期间的温度和湿度,降低果实的生理代谢。

8. 大樱桃储藏多长时间为好？

烟台冰轮集团可将大樱桃储存 3～4 个月，采用普通冷风库储藏樱桃，储藏期一般在 30～50 天，库储和大田刚采收的大樱桃在市场销售上不能脱节，否则，由于其他时令水果充实市场，大多数经销商就不销售樱桃了。因此，冷库中的大樱桃要及时、分期、分批出库销售。入储 2～3 周的樱桃，外观鲜艳，果柄嫩绿，生理和真菌病害几乎不发生，其市场价格也比刚采收时增加 50%～100%，经济效益可观。樱桃的储藏保鲜与销售要符合市场规律，储藏期不宜过长，否则品质下降，病害发生概率大，经济收入不一定高。出库的樱桃最好采用全程冷链配送，待冷藏箱的温度降至储存温度时，从冷风库移出装入冷藏车，送往配送中心或零售地点。

十二、高效营销策略——以"烟台大樱桃"为例

1. 如何强化政府引导？

　　各级政府应着眼于打造农业品牌，出台"农业品牌化建设的意见""名牌农产品认定管理办法"，成立由农业、工商、质检等相关部门组成的农业品牌化建设领导小组，出台系列扶持政策。围绕优势主导产业，推动成立行业协会。充分发挥行业协会是政府的帮手、行业的抓手、品牌的推手的作用。在政府的指导和支持下，各行业协会在协调服务、行业自律，特别是在地方特色优势产品的品牌维护和管理方面积极作为，推动区域传统优势产品获得国家地理标志证明商标，为传统优势产品的品牌打造和保护取得法律的护身符。

2. 如何管理大樱桃品牌？

　　区域公用品牌证明商标的管理机构设计统一的标识体系和宣传广告，制定和实施证明商标使用管理规则，负责对使用该证明商标的产品进行全方位的跟踪管理，做好产品质量的监督检测工作，并协助工商行政管理部门调查处理侵权、假冒案件。与证明商标被许可人签订商标使用许可合同，送交工商行政管理局存查，并报送国家工商行政管理总局商标局备案。凡商品大樱桃的品质不符合商标使用管理规则，或者商品与商标不符、以假充真、以次充好者，将丧失证明商标使用权，证明商标被收回，并给以相应的处罚。对未经许可，擅自在大樱桃系列产品及其包装上使用与"烟台大樱桃"证明商标相同或近似商标的，将依照《中华人民共和国商标法》及有关法规和规章的规定，提请工商行政管理部门依法查处或向人民法院起诉；对情节严重，构成犯罪的，报请司法机关依法追究侵权者的刑事责任。

3. 如何实现大樱桃品牌化、标准化管理？

加强信息体系建设，强化对大樱桃销售及加工品的市场预测服务。对大樱桃生产状况、果品加工、销售等情况及时进行预测预报，减轻生产中的盲目性。加强市场和物流体系的建设，加大流通中介组织建设。要建立大樱桃市场交易中心，逐步形成覆盖本地、辐射外地的市场网络。要推行市场准入制度，实现标准化管理。加大政策扶持力度，开展大樱桃广告宣传、大樱桃推介和培育名牌产品活动。要进一步提高大樱桃质量，积极开拓国内外市场，以高质量产品抢占国际市场。采取"公司＋农户""订单农业"等方式，走小农户、大基地，小规模、大群体的路子，通过产业化龙头企业，带动大樱桃产业的发展壮大。各级政府要设立专项资金，对大樱桃加工、销售的农业产业化龙头企业，参加国际展览、展销会，开展名牌产品的宣传等推介活动提供补贴，提高大樱桃在国际市场的知名度和占有率。依托沃尔玛、家乐福、银座、振华等大中型超市，以及北京、上海、广州等大型水果批发市场，积极推进农超对接和专卖经营营销模式，使"烟台大樱桃"果个大、品质优的形象植根于广大消费者心中。

4. 如何提升品牌的影响力？

通过举办推介会、采摘旅游节、优质大樱桃评比会等多种形式，加大"烟台大樱桃"品牌宣传力度；做好大樱桃新品种、新技术宣传以及早春霜冻、遇雨裂果等突发事件的应对措施；全方位提升区域公用品牌的社会知名度、品牌价值和市场竞争实力。积极发展多种形式的专业合作经济组织，提高农民的组织化程度，开展农业社会化服务，发挥其在产销衔接、技术服务和协调出口等方面的作用。积极探索新形势下的技术推广新模式和新机制，依托科研院所、行业协会等，积极开展技术示范和培训，推动大樱桃新品种、新技术和新成果的推广应用。加强品牌建设，实施区域公用品牌商标保护，鼓励、扶持规模较大的生产基地、专业合作社、家庭农场等通过各自特色品种及栽培技术，生产高档果品，争创自己的特色品牌。

5. 什么是电子商务？

电子商务是以信息网络技术为手段，以商品交换为中心的商务活动；是指在全球各地广泛的商业贸易活动中，在互联网开放的网络环境下，基于浏览器 /服务器应用方式，买卖双方不谋面地进行各种商贸活动，实现消费者的网上购物、商户之间的网上交易和在线电子支付以及各种商务活动、交易活动、金融活动和相关的综合服务活动的一种新型的商业运营模式。

6. 如何规范大樱桃电商发展？

电商与传统渠道相比，具有产品营销和品牌推广的双重优势。要通过政策引导扶持，使其大发展、快发展。要依托"三品"认证和注册商标，形成"区域公用品牌 + 三品认证品牌 + 电商营销推广"的品牌营销矩阵。鼓励和扶持一批实力强、潜力大、信誉好的电商企业，与专业合作社合作，建立大樱桃标准化生产直供基地，保证网络销售的优质货源。依托行业协会，为会员企业提供区域公共品牌标识及地理标志注册商标使用权限，并规范授信使用，让大樱桃区域公用品牌的优良口碑始终占据互联网高地，发挥好品牌的经济社会文化效益。

7. 区域品牌与企业、专业合作社品牌如何结合？

企业和专业合作社品牌是区域品牌培育的主力军和市场推介的有效载体，是推进农业品牌化战略的主要抓手。要积极扶持农业产业化龙头企业、农民专业合作社发展，扶持企业研发产品开拓市场，重点完善企业和农户的利益联结机制，推动龙头企业规模化、集群化发展。区域公用品牌是企业品牌的孵化器和助推器，企业产品品牌是区域公用品牌的有力支撑，与区域公用品牌为母子关系，互为支撑，构建以区域品牌为引领，以企业品牌为支撑的母子品牌体系。